悦 读 阅 美 · 生 活 更 美

女性生活时尚阅读品牌

☐ 宁静　☐ 丰富　☐ 独立　☐ 光彩照人　☐ 慢养育

优雅与质感 2

熟龄女人的穿衣显瘦时尚法则

[日]石田纯子 著　宋佳静 译

漓江出版社

太胖、太瘦、太矮、太高、体形不美、身材不匀称……

如果能再……就完美了。

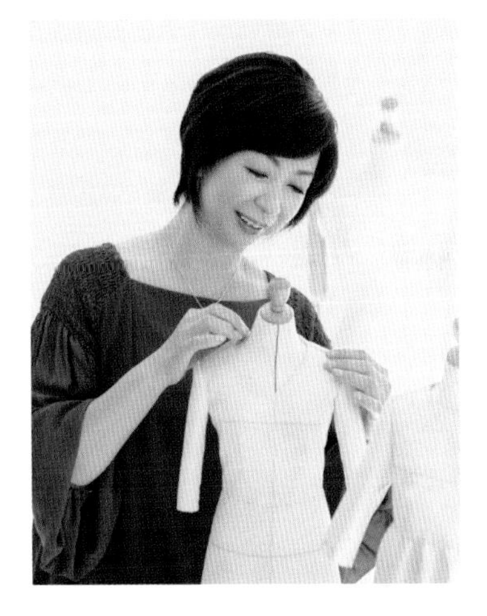

本书介绍的不是如何遮掩这些不足，而是教会大家如何通过突出自身的优点、协调整体搭配的平衡，以实现优雅美丽的穿衣技巧。

这种扬长避短的石田流造型技巧，既包括谁都能轻松模仿的普遍性原理，也包括通过对自身优缺点进行认真分析而寻找出合适搭配方案的针对性原理。

“显瘦”仅仅是入门级的造型技巧，最终目标是通过不断审视和改善，令自己变得更加优雅迷人。

能将对时尚的困惑化作打磨自己、提亮自己的原动力，想要变得更加美丽的各位熟龄女性，希望本书能为你们提供参考。

主妇之友社
熟龄女性时尚研究班

目 录

Contents

Lesson 3 107

上下装协调搭配的攻略

Style 1 同色系

［不同穿法将改变体形］用相同的长开衫来验证

全身都是同一色系，
从上到下一个直筒。

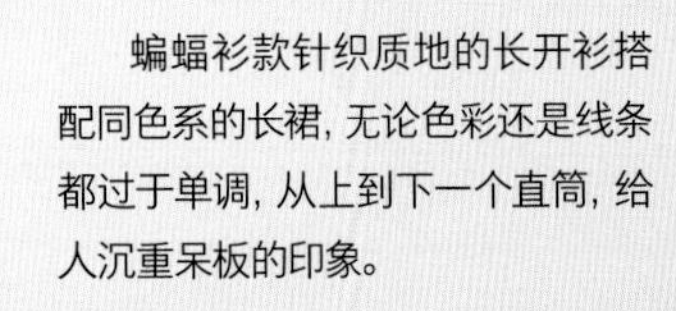

蝙蝠衫款针织质地的长开衫搭配同色系的长裙，无论色彩还是线条都过于单调，从上到下一个直筒，给人沉重呆板的印象。

前言

基于“显瘦”理念，将穿衣造型多样化更时尚，更快乐

石田纯子

要想穿得漂亮，“显瘦”是个不可或缺的要素

即便是标准体形，仍然执着地想要“再瘦点”，即便拥有如模特、演员般令人羡慕的苗条身材，也想要胳膊再瘦点、大腿再细点……生活中，我们总能碰到这样或那样过分追求完美的人。如果对女人做个调查，大概每个人都会想要自己看起来更瘦吧。

对女人而言，沉闷显胖的穿着会让人觉得土气、呆板、老气横秋。轻盈显瘦的穿着会令人觉得干练、年轻、活力四射。尤其是中年开始发福的体形，在穿衣扮靓的时候特别需要注意清爽显瘦的搭配技巧。希望大家都能将“显瘦”这个关键词铭记在心，掌握年轻、灵动的造型方法。

但是，我们不能仅仅为了显瘦而走向另一个极端。只穿有显瘦效果的颜色，造型未免流于单调乏味，何来时尚呢？如果流行色正好是柔和的中间色或者漂亮的暖色，即使是膨胀色也应该穿来试试。花边、蕾丝等款式也同样，不要因

Style2 及膝裙

用相同的长开衫来验证

及膝裙显得更轻快，
但没体现出长开衫的修长感。

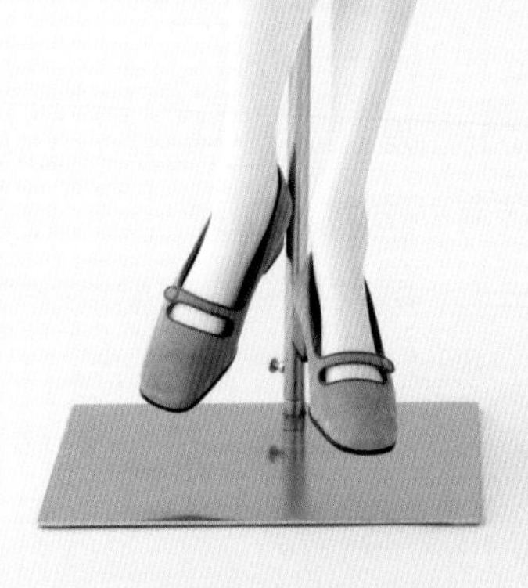

将长裙变成深米色的及膝裙。裙长变短之后，整体感觉更加轻快，但裙子和鞋子的连贯性较差，修身效果不佳。即便是清爽的造型，显瘦效果也一般。

为会显胖就完全放弃，而应该尝试想办法，看看如何能使这些美丽的元素看起来显瘦。无论是一件衣服还是一件配饰，在自认为“不行、不会、不能”而放弃之前，先努力想想看，它和其他什么颜色搭配能显瘦？如果换成别的材质是否会更轻盈？换上紧身裤和靴子是不是整体效果会更干练？诸如此类，通过轮廓造型、颜色搭配、小配饰的点缀等方法，让整体形象看起来更瘦更美，而不是让时尚变成束缚。

其次，即便是显瘦造型，如果能同时将温柔优雅、和蔼可亲的女性气质表达出来，让自己变得更有女人味儿，那将是只靠年轻永远也无法达到的时尚境界。肌肤紧致，身材玲珑的十几、二十几岁的年轻女孩，即使喜欢偏男性的冷酷造型，应该也可以体现出年轻人的朝气；但如果熟龄女性采用了那样的造型，只会让服饰喧宾夺主，容易显露出贫相。熟龄女性的造型目标应该是在配色、款式设计的细节中增加甜美的女性元素，让人感觉到优雅亲切。

丢掉“遮掩缺点”的思想
学会“渲染优点”的穿法

“上臂太粗，小腹凸出，臀部太大，腿又太短……真想把那些地方都遮起来”，开始发福的熟龄女性，总是会不断强调自己的缺点，希望能有办法改善。其实，这种种缺点多半源于把某位美女作为了评判标准，并不是对自己的客观审视。其实我自身也有很多不足之处，臀部太大，小腹凸出，腿

Style3 窄脚裤

用相同的长开衫来验证

窄脚裤搭配针织长开衫，
内外形成对比色的配色效果，
打造出整体的修长线条。

窄脚裤搭配袍式裙，有效强调出纵向线条。搭配深收缩色的窄脚裤，袍式裙的线条和图案进一步令重心上移，瘦腿效果显著。

既不细更不长。但如果针对我个人的身材度仔细分析，会发现我的小腿还算纤细，因此，为了将目光吸引到小腿，我会比较注意从下装的长度、轮廓、紧身裤和靴子的搭配等方面来打理造型。同时，在腹部、臀部使用能转移视线的迷彩法。总之，要想显瘦，关键要记住——不要遮掩缺点，而要渲染优点。

与其和其他人比较而判定自己的缺点，不如从自身出发在个人范围内比较。这样的话，谁都能找到比较满意的亮点。比如小腹虽然有点明显，但上半身并不胖；上臂虽然有点粗，但手腕看上去很美。像这样找到亮点之后，再考虑如何渲染亮点，弱化缺点，将大家的视线吸引过来。

与其花费金钱和精力遮掩缺点，不如将心思用在自身更美丽的地方！爱美的熟龄女性们，试着用这样的理念来重新审视自己的时尚之路吧！

不拘泥于服装的风格，通过不同穿法，
打造属于自己的独特“显瘦”气质

纵长轮廓有修身增高的效果，能有效掩饰你比较介意的小腹和臀部，因此显瘦力超群的长开衫或长外套对熟龄女性来说是充满魅力的单品。第12、14、16、18页分别用长开衫展示了4种搭配方案。你更喜欢哪种搭配效果呢？通过比较可以看出来，要想达到显瘦目的，不能只依靠一件衣服，合理搭配更为重要。

Style4 窄脚裤

用相同的长开衫来验证

通过整体造型+配色效果等高级技巧来实现显瘦目标的样板搭配。

黑色的窄脚裤放在长靴里，打造出利落的腿部线条。打底衫、帽子、手袋统一都用黑色，与黑裤子相呼应，整体显瘦效果突出。最后用大花图案的长围巾长项链作为点缀，进一步强调纵向线条，同时围巾的图案又作为整体造型的点缀，有效弱化实际身形。

方案1是基于“掩饰”理念的搭配组合。由于打底衣和开衫的色调一致，大大减弱了开衫本来的魅力，从上到下形成一个呆板的直筒。方案2虽然将裙长变短，整体感觉变得轻快，但是膝盖往下的瘦长感没有充分体现出来，不能充分展示出开衫的纵长效果。方案3中搭配了有收缩效果的深色打底衫，纵向视线变窄，形成细长的I形线条，再加上裤子与短靴的颜色统一衔接，腿部显得更加修长。方案4将短靴换成长靴，强化利落的腿部线条，同时搭配与裤子颜色协调且有收缩效果的小饰物，最后通过长围巾和长项链进一步强调纵向线条。此时，再和方案1的搭配相比，我们会发现，相同的长开衫穿出了完全不同的印象和风格，显瘦的程度也截然不同。这正是不同搭配方法彻底改变体形的典型案例。

我认为，依靠一件衣服的特点来达到显瘦的目的，既缺乏时尚感和趣味，又缺乏魅力。如果能在衣服上增加自己的个性，并思考符合自己气质的显瘦风格，就能形成更具个人魅力的造型。

世上没有完全相同的两片树叶，同样也不会有性格完全相同的两个人。想让自己显得更苗条，首先应该找到属于自己的风格。追求显瘦效果的真意正在于此。

好想试穿的颜色、图案、款式……

可是担心会显胖。

你是否也由于这样的原因而放弃过某件心仪的衣服?

在这里,

我们将介绍显瘦着装的挑选法、

配色方案、图案搭配,

以及各种适合熟龄女性的

显瘦穿衣法则,

也许能帮你发现那些令人担心

显胖而不安的根本原因。

Lesson 1.

『熟龄显瘦』的基本攻略

规则1

通过轮廓造型学习显瘦技巧

轮廓造型是穿衣扮靓的基本功、起始点。在将目光投向细节之前，首先应该着眼于整体身形，打造出苗条的轮廓线条。

要想显得苗条，全身的整体印象极为重要。在纠结于手臂、小腹、臀部还有大腿等各个部位之前，更重要的是先确定从头到脚的整体轮廓，营造出苗条的整体印象。

所谓“轮廓”，也可以叫线条、形态，指的是整体的外形。显瘦穿着有代表性的两种轮廓为“I形线条”和“X形线条”，可以说对任何体形都有效果。

“I形线条”将整体造型打造成像英文字母“I”一样的细长形状，没有多余的部分。

而“X形线条”是将腰部收紧，整体形成好像英文字母“X”的轮廓。与强调纵长感的I线条不同，X线条通过强调凹凸有致的身形来体现苗条的感觉。

造型中采用这两种轮廓，即定下了穿衣的基调，相当于盖房子时打的地基。正如地基扎实，在上面盖的房子也会牢固一样。如果采用基本造型轮廓，则更易施展其他搭配技巧，显瘦效果也能更胜一筹。

I形线条的代表搭配（右页左）

>>>

有将身形纵向拉长效果的长方形外套是I形线条的基础。同时，收缩效果较好的黑色使裤子、靴子协调统一。这是从外形到配色都体现出纵长感的造型。

X形线条的代表搭配（右页右）

>>>

合身的高腰开衫与颇有质感的A形蓬蓬裙打造出的X形线条。系上开衫的纽扣收紧腰身，是打造X形线条最简单的技巧之一。

不同身高

打造I形线条的技巧

不同身高用相同长外套来验证

I形线条的基本原则有两点：一是上下都用相同的收缩色，二是选择上下宽窄基本一致、类似字母“I”的服装款式。换句话说，前者是通过配色，后者是通过形状来打造I形线条。虽然听起来简单易懂，但由于身高不同，上下半身的长度自然也有差异，整体造型的平衡点也会随之发生变化。因此，为了说明这个问题，我们用相同的长外套，使用相同的技巧，来思考选用哪些款式可以达到造型的最佳状态。

一件相同的长外套，如果身高不足155厘米的小个子穿，长度刚好到膝盖上一点；而身高超过165厘米的大个子穿，长度刚刚盖住臀部。这样一来，上衣的长度便会影响到下装长度的选择，整体的造型轮廓也会带来不同印象，包括打底服装的搭配组合等都需要做出调整。

以外套
为主的简洁版
I形线条

适合小个子

>>>

小个子穿上及膝的长外套，只这一项便纵长感十足。再搭配一条裁剪合身的半紧身连衣裙，进一步呈现出紧凑线条。黑色长靴与连衣裙协调搭配，更显干练利落。

外套和打底衫的巧妙配色，打造出混合版I形线条

适合中等身高

>>>

中等身高的长外套刚好到大腿中间，是最好搭配的位置。打底衫用有收缩效果的深紫色，与配饰围巾相协调，将视线引向上半身，打造出苗条的I形线条。下装选择黑色或与打底衫相同的颜色即可。

适合高个子

>>>

对高个子来说，如果外套长度刚刚遮住臀部，无法充分展示苗条身形，需要通过黑色打底衫和窄脚裤强调纵向线条。黑色鞋子和围巾的搭配，进一步增加了修长和显瘦效果。

I形线条的搭配练习

Variation

中等身高（155~165厘米）

用有视觉冲击力的
竖条纹图案
来强化纵长效果

衬衫款的长外套和长靴打造出I形线条。外套中的一种颜色与靴子一致，从上到下协调统一。明亮清晰的蓝色竖条纹吸引人们的目光，强调了纵向线条。打底衫和下装选用简洁单色款，令外套的显瘦效果更加凸显。

扩张色通过黑色来调节

\>>>

打底衫胸前的蝴蝶结、五分裤、长靴都选用黑色，从上到下呈现统一线条。即便是带来扩张感的浅灰色长开衫，如果加入有收缩效果的点缀色，也能显瘦。五分裤和长靴之间最好用同色紧身裤过渡。

用同色系的衣服和饰物打造出I形线条

\>>>

令整体轮廓有收缩感的两侧褶皱外套是造型主体。裤子和鞋子都选用与外套相同的棕色系，配上同色系的长围巾强调纵向线条。从棕色到米色的色彩渐变，通过打底衫和配饰来实现，打造轻松自然的熟龄I形线条造型。

I形线条的搭配练习

Variation

小个子（155厘米以下）

上装使用明亮色，有提升视线的效果

>>>

对小个子来说，造型是否显高直接决定了整体的平衡感。上装选择浅米粉色的两件套开衫来提升视线，下装选择基础款窄脚裤令整体造型干净利落。黑色的蕾丝和长项链在胸前作为点缀，与下装协调一致，增色不少。

小披肩的收身效果可回避直筒I线条

>>>

从上到下一个直筒没有曲线的连衣裙，视觉上是一个整体，对小个子来说却容易显矮。为了避免这种效果，需要在某个部位增加收缩感。搭配合身的深色针织小披肩，从颜色到款式都能将视线提升，有很好的增高效果。

I形线条的搭配练习

Variation

高个子（165厘米以上）

横条纹和红黑线条构成显瘦效果超群的搭配

\>>>

高个子的造型重点在于，不能看起来过于宽大，但要显高。有横向拉伸视线效果的条纹毛衫可发散视线，弱化上半身的厚重身形，同时红色的线条有效强调修长感。利落的紧身裤和短靴同色，颈部的深色围巾又起到很好的收缩效果。通过分散视线，扬长避短，整体展现出瘦高的效果。

全身渐变色展示瘦高身形

>>>

前短后长的不规则开衫搭配成套的针织连衣裙，下半身搭配窄脚裤和及膝长靴，打造出精干的 I 形线条。从有收缩效果的酒红色到淡灰色的色彩渐变，使整体配色既统一又不单调，充满律动。有瘦脸效果的编织贝雷帽进一步给整体造型加分。

不同身高

打造X形线条的技巧

不同身高用相同西服外套来验证

收紧腰身，通过打造出凹凸有致的身材来达到显瘦的效果，是X形线条的核心理念。腰身被收紧的同时，胸部和臀部线条会凸显，充满女性气质。对于这款造型，不同身高会有完全不同的搭配技巧。

以下三款是针对不同身高，用相同西服外套搭配的造型。小个子往往容易显得臃肿，如果平衡感掌握不好，反而容易显得更矮。对小个子而言，应该打造出上半身轻快、下半身有存在感的强弱协调的造型。而高个子如果过于强调X线条，则容易失去身高优势，反而看起来不舒服。因此，高个子应该将外套的扣子解开，在体现出纵长线条的同时，弱化X形的腰部线条，打造出轻微X形轮廓。至于中等身高的人，可以搭配蓬松的半裙来强调X线条，但若能像照片中那样搭配垂顺的A字裙，下半身打造出适度的宽松感则更胜一筹。

155厘米以下

搭配
有存在感的
蓬蓬裙

适合小个子

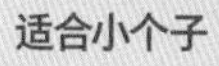

有衬里的塔夫绸蓬蓬裙的蓬松感和西服外套的紧凑感相得益彰。对小个子来说，如果裙子过长会显得更矮，裙长刚遮住膝盖最好。

搭配及膝
半裙打造标准
X形线条

适合中等身高

>>>

中等身高的人对各种X线条都能驾驭，但看起来最舒服的要数长度刚好遮住膝盖的顺滑半裙。黑边手绘半裙、高领花边衬衫与黑色的西服外套配色协调，从纵长方向吸引视线。

搭配宽腿裤
展现适当的
干练

适合高个子

>>>

高个子如果过度强调X形线条和女性的甜美可爱，会抵消自己原有的优势。应通过解开外套的纽扣，适度收缩腰身来显瘦。搭配有存在感的阔腿裤，可以展现出不甜腻的身形曲线。

X形线条的搭配练习

Variation

中等身高（155～165厘米）

下摆蓬松的裙子带来古典气质

带褶皱的棉质百褶裙，腰部修身，下摆蓬松。用蕾丝点缀的衬衫搭配小披肩，营造出具有古典风格的X形线条。披肩、腰带、鞋子的黑色，适度点缀在淡色的基调之间，起到很好的收缩效果。

利用大腿部的分量感打造X形线条

>>>

上装是从肩到胸的大褶襟蝙蝠衫，下装是从臀部到膝盖的宽松的裙式宽裆裤。宽松的上下装之间，靠蝙蝠衫的收腰效果，打造出X形线条。同时将裤脚放入长靴，令脚部线条干净利落。虽然是宽松的衣服，但通过收紧腰身和小腿的紧致线条打造出了X形线条的韵味。

大衣外的腰带，束腰效果显著

>>>

在I形线条造型的大衣上系条腰带，打造出X形线条。清爽的麻质大衣，搭配有衬里的蓬蓬裙，穿出下半身的蓬松感是整个造型的关键。而选择与大衣同色的长靴，则是符合I形线条造型的凸显纵长线条的搭配技巧。

X形线条的搭配练习

Variation

小个子（155厘米以下）

紧凑的上装搭配基础款下装即可打造X形线条

>>>

合身毛衫与腰部带褶皱的五分裤搭配。上半身的紧凑感十足，下半身即便是普通五分裤也能打造出漂亮的X形线条。假领、手袋、及膝长靴勾勒出的黑色I形线条与整体的X线条自然融合。

合身开衫与黑色半裙搭配充分发挥体形优势

>>>

带有蝉翼纱蝴蝶结装饰的收身开衫与适度蓬松的黑色半裙勾勒出X形线条。浅色的毛衫将整体视线吸引至上半身，而贝雷帽、蝴蝶结装饰、裙子、鞋子等部位的收缩色则带来不错的显瘦效果。另外，还可通过紧身裤袜将裙子与鞋子进一步协调统一。

X形线条的搭配练习

Variation

高个子（165厘米以上）

收腰长开衫打造轻松柔和的X形线条

>>>

长开衫的腰部为抽带设计，可以自由地调节松紧。根据体形可松可紧，对于想令腰部曲线更柔和自然的高个子来说是非常好的款式。醒目的配饰和长靴强调出纵长线条，给人苗条高挑的印象。胸前的褶皱则是一个甜美的点缀。

将衬衫衣角系起，打造出成熟干练的X形线条

>>>

对高个子来说，如果过于凹凸有致反而会留给人粗壮的印象。将衬衫的衣角系起，勾勒出自然的腰部曲线，展示出适当的成熟干练。下装选择宽松的阔腿裤，与上装的舒适感相呼应，带来轻松自然的显瘦效果。

规则2

学习支配色与点缀色的显瘦平衡

即便是相同的线条轮廓，如果颜色不同，效果也会截然不同。本节将根据颜色所特有的个性与分类，教你如何利用色彩搭配达到显瘦效果。

一般来说，深色显瘦，浅色显胖。黑色、深蓝色、深棕色等属于收缩色，由于有“阴影色”的影响，与白色、米色等浅色相比，它们能令物体显得更紧凑。而柔和的粉色、蓝色、黄色或者红色、橘色等明亮的暖色，由于有“发光色”的影响，会令物体显得放大突出。那么，如果全身都是收缩色，会是什么效果呢？实际上，从头到脚变成一大块黑色，并不会令你看起来更瘦。无论多么合身的服装，如果浑身上下都是收缩色，只会带来反效果。当然，如果浑身都是亮彩色，同样会带来问题。

总之，显瘦的关键在于整体色彩的搭配与分布，而不是衣服的颜色。遵循色彩的节奏，发挥色彩的点缀效果，造型会更加干净利落。在造型中占据主体地位、左右整体印象的叫支配色，与支配色搭配使用、起到辅助作用的叫点缀色。本节将通过说明这两种色彩类型的使用方法来证明色彩搭配的重要性，并以收缩色、亮彩色的代表色作为支配色时的造型方案来详细说明。

支配色是收缩色时（右页左）

>>>

在脸部周围搭配明亮的点缀色，能将视线引向高处，令整体印象高挑修长。下装紧凑干练，进一步强调纵向线条，既精神又苗条。

支配色是亮彩色时（右页右）

>>>

不再使用其他亮彩色，用黑色作为点缀色来映衬红色。打底衫的花纹与支配色协调统一，缓和红黑的强烈对比效果，突出了整体造型的纵长感。

支配色是黑色（收缩色）

用相同长开衫来比较

高密针织长开衫无论显瘦还是增高，效果都十分不错。为了使显瘦效果更加突出，打底衫的颜色至关重要。推荐灰色或白色的单色款。上装用白色更能衬托脸色，着眼点也能随之上移，有很好的增高效果。将白色替换成浅蓝色或米色等中间色也有同样的效果。

全身黑色，虽然是收缩色但是却显胖

很容易遇到这种全身黑色的搭配，从上到下一个色块，没有任何变化。毛呢面料的裤子，虽然与外衣不同材质，但远看还是没有差别。如果选择反差较大的材质的搭配，至少面料的质感要明显不同。

将打底衫
从黑色变成灰色，
略微改变
色彩节奏

换成灰色的打底衫、黑色七分裤。黑色的分量减轻，造型的整体轮廓得到很好的改善。但是，黑色和灰色的对比度还略低。如果脸部周围能有更明快的颜色映衬，效果会更好。

用白色水玉
打底衫来点缀

将灰色打底衫和黑色项链换成白色水玉打底衫和长珍珠项链，立刻令人眼前一亮。下装换成白色的半裙，整体给人以明亮轻快的印象。

白色打底衫和胸针将视线提升

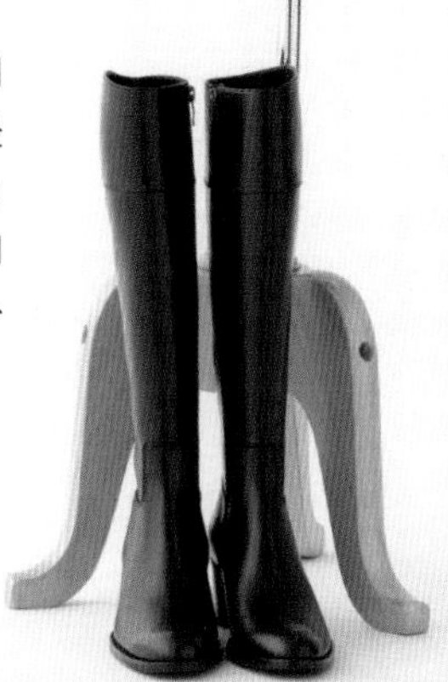

水钻香水瓶图案的白色T恤，别在领部较高位置的白花胸针，轻松将视线引向高处，是可以作为范本的搭配方案。下半身是低调的灰色五分裤和黑色长靴，与外套自然统一。

支配色是深紫色(收缩色)

用相同长开衫来比较

即便是以彩色作为收缩色, 也和黑色一样, 需要注意不能全身一整块色彩毫无变化。支配色是深紫色的时候, 用黑色、褐色等同样有收缩效果的颜色做点缀会令整体造型更沉重, 但用亮丽的色彩又不容易协调, 因此推荐用同色系的深、浅色来搭配。浅色的上装, 深色的下装, 从浅到深、从上到下的渐变色能令整体造型清爽修长。

搭配棕色初看协调, 实则毫无生趣

整体均为收缩色的造型搭配, 令人觉得厚重沉闷。应该考虑的不是从近处而是从远处看的效果, 如果没有变化节奏, 就会遇到和全身黑色一样的问题: 完全一样的颜色, 反而令身形扩张, 毫无显瘦效果。

用同色系的大花围巾来做点缀

珠光紫色长衫与同色系的打底毛衫搭配，进一步强调了深紫色造型的支配色。下装选择紧身裤，令造型紧凑起来，同时用围巾的大花图案让整体更协调。但由于都是深色系，整体感觉略显沉重。

紫色条纹衬衫
带来轻松气场

上装用紫色细条纹衬衫打底，下装是灰色的长裤和长靴，整体印象变得轻快。浅色和深色的组合，打造出不同的色彩节奏。大朵的胸花用来吸引视线。

兽纹围巾带来渐变效果

围巾中的浅紫色与深紫色的支配色协调统一。与上半身的宽松轮廓相呼应，选择厚重的机车靴来平衡造型的整体效果，同时也强调出全身的纵向线条。

支配色是粉色（亮彩色）

用相同的花呢外套来比较

亮彩色之所以会带来膨胀效果，是因为选择的配色不够鲜明。粉色如果搭配同样彩度的米色就会显胖。避免这种情况的秘诀是，选择黑白等清晰的单色来作搭配。整体造型中使用黑色和白色的对比色，能收到点缀和收缩的效果，更能衬托出亮彩色的美丽，而不会显胖。此外，花呢面料的亮彩色可以搭配同色系的深浅色，相互映衬下会取得很好的收缩效果。

不够鲜明的色彩令全身轮廓模糊显胖

用相同彩度的米色作为配色的例子。外套和裙子都是相同彩度，整体感觉沉闷。亮色有膨胀效果，显容易胖。裙子的面积过大也是显胖的原因之一。

用白色搭配，
衬托出
亮彩色的美丽

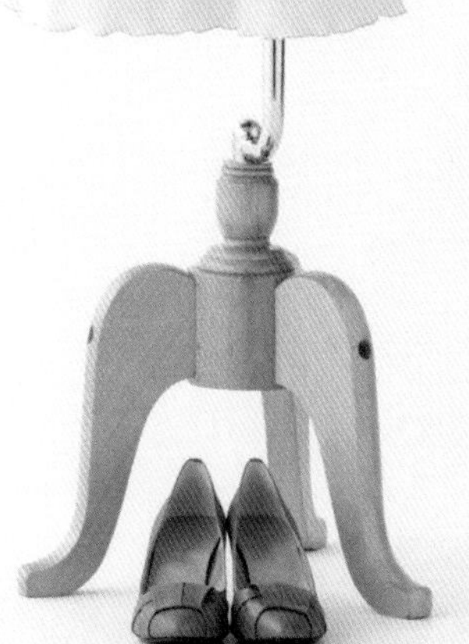

最能衬托出亮彩色美丽的是白色和奶油色。裙子的分量缩小，双层珍珠项链将视线提升。但收缩感略显不足，整体的轮廓仍不够清晰。

以黑白对比色为基础的亮彩色搭配

白衬衫、黑裤子，是对比强烈、线条干练的造型搭配，很好地掩饰了体形的不足。以黑白单色为基础，粉色为主导的配色方案，既带来甜美感受，又不失干脆利落。

用深粉色
打底衫吸引视线

将粉色集中在上半身凸显支配色的穿法。下装选黑色，打底衫一般也会选黑色，但那样会令整体色彩鲜度降低，印象陈旧。搭配深粉色反而让人觉得既新鲜又清爽。

支配色是蓝色（亮彩色）

用相同花色的开衫来比较

图案花色中有亮彩色的时候，应该仔细观察所有的颜色。因为与亮彩色相比，图案中的辅助色在显瘦方面更有效果。这件蓝花开衫，我们首先注意的不应该是蓝色，而应是其中深浅各异的灰色和灰白色。选择不同的颜色来做配色，带来的整体效果和印象会完全不同。总之，将花纹中的哪种颜色作为配色，是显瘦与否的关键所在。

NG

裙子选用深灰色，整体印象显得沉闷

裙子的颜色选用与开衫中蓝色之外的主要色彩灰色，结果不尽如人意。同时由于裙子过长，不够清爽的灰色占据了大部分面积，亮丽的蓝色反而显得暗淡。

将配色
换成亮白色，造型
马上生动起来

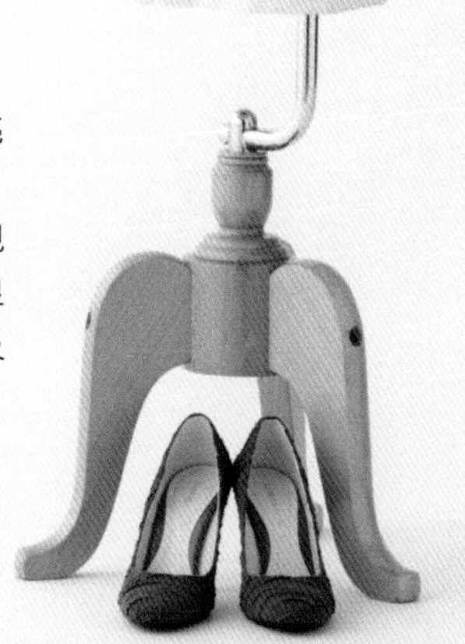

仅仅将开衫花色中最明亮的白色作为连衣裙的颜色，蓝色就一下子醒目起来，视线也随之集中到上半身，显高效果明显。裙子的长度及膝，给人轻快年轻的印象。

如果是暗灰色，
就用有光泽感的面料
来达到反射效果

虽然和NG例子里配色类似，但由于上装选用了有光泽感的面料，整体感觉并不灰暗。下装搭配深灰色，全身形成灰色的渐变色，在明暗色彩的相互映衬下，蓝色的开衫反而变成亮丽的点缀。

用牛仔和蕾丝
来衬托亮彩色的
搭配方案

靛蓝或白色能将亮彩色衬托得更加美丽。下装搭配深色牛仔控制整体配色，胸前大朵蕾丝将视线引向高处。别致的显瘦穿法，打造出亮丽甜美兼干练气质的造型。

规则3
学习各种图案的显瘦规则

弱化本来的身形，减轻厚重感，让我们来掌握各种图案的显瘦造型魅力吧。

图案能起到视觉扰乱作用，能掩饰实际的线条和臃肿的身形，而不同的选择既可显胖，也能显瘦。纯色中引入一处花纹图案，就能为造型带来生趣。将花纹图案娴熟运用，是显瘦时尚造型中不可或缺的技巧。

常有人认为图案花色很难搭配，又容易过于显眼，很难挑选。其实根据图案做出不同的搭配，有的显瘦效果非常不错，希望大家一定试试看。本节中将花纹图案大致分为条纹和花纹两大类来介绍。

63页中，上半部分的照片是条纹图案衬衫，左侧是宽竖条纹，右侧是斜条纹，相比之下，后者的显瘦效果一目了然。挑选条纹，斜条纹是明智之选。

而挑选花纹，根据花形设计不同，既可让花纹像首饰一样，点缀于你在意的部位或将体形迷彩化，也可能由于色彩搭配的错误，让花纹破坏了造型的整体感。因此，比较推荐的是面积不大且带有黑色花纹的图案（63页下端右侧照片）。花纹中如果有了黑色，搭配的服装配饰都可选择黑色，能轻松打造出显瘦造型。

挑选竖条纹的时候

>>>

竖条纹通常容易显瘦，但如果条纹的间隔过宽，或款式不够简练，反而会显胖。由于斜条纹能引起视觉错觉，因此推荐斜条纹的图案。

挑选花纹的时候

>>>

底色偏白或浅色的时候，如果花纹中带有黑色将非常好搭配。有黑色点缀的花纹图案可以搭配黑色的服饰，很容易达到显瘦效果。

斜纹和竖条纹的显瘦效果截然不同

右侧的衬衫带有斜条纹，左侧的衬衫是单调的竖条纹。虽然等间距的竖条纹能有效强调纵长感，但同时也会令上半身面积扩张。斜纹衬衫的线条能很好地弱化发福的腹部。

带黑色与不带黑色的图案显瘦效果截然不同

右侧裙子花纹中细碎的黑色与开衫和长靴很好地协调统一，强化了造型的整体性。而左侧的搭配，在黑色服饰的映衬下，只有裙子显得比较突兀。从显瘦的观点来说，是否容易与黑色搭配是选择花纹图案的关键。

各种身高的斜纹（Bias print）图案穿衣技巧

用不同身高来验证斜纹图案的差异

选择斜纹图案的时候，为了能发挥图案的最大显瘦作用，根据不同身高来选择不同特点的斜纹至关重要。小个子的话，如果选择间隔较宽的斜纹，会显得身形更加局促，看上去反而会更矮，因此要选择间隔窄、纹路清淡的斜纹。反之，高个子如果选择间隔窄的斜纹会加剧身形的宽大感。而选择色彩醒目、间隔较大的斜纹则能将纵向线条有效分割，从而达到弱化身高的视觉效果。中等身高的人，可以选择较适中的间隔，以达到最舒适的显瘦效果。

155厘米以下

搭配窄间隔斜纹
不规则半裙，
打造可爱造型

适合小个子

>>>

深蓝底色上棕色斜纹图案的半裙，无论是色彩还是花纹都不过于耀眼，对小个子来说能带来非常舒适的视觉效果，裙脚的不规则变化能有效掩饰发福的身形。

V形斜纹
干练倍增

适合中等身高

\>>>

向两个方向延伸的斜纹形成标准的V形锐角图案，显瘦效果百分百；宽窄适中的条纹间隔，对中等身高的人来说也很适合。中等身高的人选择5厘米左右的斜纹间隔一般不会失败。

165厘米以上

宽幅斜条纹的
渐变色搭配
将宽大面积
有效分割

适合高个子
>>>

发挥高个子的优势，选择间隔宽、色彩大胆的斜条纹图案。奶油色长开衫掩饰两侧身形，仅仅将裙子中间的部分露出来，有效弱化宽大的身材。搭配相同色系的弹力裤和长靴，展现出显瘦的I形线条。

各种身高的花纹（Flower print）图案穿衣技巧

用不同身高来验证花纹图案的差异

花纹图案除了有掩饰体形的效果之外，还充满甜美华丽的女性气质，熟龄女性非常有必要掌握其搭配技巧。像在62、63页说过的那样，花纹图案中只要有黑色点缀，就非常容易与黑色衣物搭配，这样就不会被花纹图案喧宾夺主，全身造型既能协调统一，又能显瘦增高。

和斜纹图案不同的是，选择花纹图案不用过分拘泥于身高差异，统一原则就是避开小碎花，尽量挑选大朵的图案。

不过，点睛之笔的图案应该位于何处，根据身高不同会有所差异。小个子最好选择在纵长线条上，或者上半身搭配能吸引视线的花纹图案，这样能带来增高显瘦效果。高个子如果能注意黑色的搭配方法，将能达到显瘦效果。中等身高的人和小个子类似，需注意强调纵长线条，以及尽量将视线吸引到上半身。

两侧有纵向
黑色线条，
强调纵长感的
图案

适合小个子

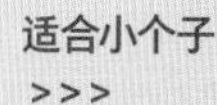

连衣裙两侧的黑色波浪线，显瘦的同时又强调出纵长线条，能令小个子看起来苗条修长。黑色的小披肩和长项链在上半身作为点缀，下面的长靴将整体线条勾勒得协调紧凑。

适合中等身高

>>>

紫色和绿色相间的大花朵半裙，给人华丽的印象。图案中有较多的黑色，因此与黑色长开衫的协调性绝佳。在整块黑色中，将花朵图案作为点缀，打造出醒目华丽的造型。

165厘米以上

造型中的
黑色元素相互呼应
达到显瘦效果

适合高个子

>>>

这套搭配充分体现出图案的独特品位和魅力，几处黑色又带出造型的整体感。像这样大朵顺序排列的图案，同时底色又分成两大块，如果不是高个子可能很难驾驭，容易适得其反。

经验主义让你显胖(1)

打底裤的穿法

能充分营造腿部纤细感的重要单品。
但是，如果搭配方法错误，将会带来让人无法直视的造型。

上装过短会将粗壮的大腿暴露无遗

>>>

连衣裙的长度较短，刚好暴露了大腿最粗壮的部分，稍微俯身时，连臀部线条都无法遮掩。这个长度，作为熟龄女性的衣着来说完全失格。应该充分认识到打底裤也属于紧身裤的一种，不应该选择这么短的外衣来搭配。

上装的长度刚到双膝上缘，有效遮挡大腿的线条

>>>

充分发挥出打底裤优势的造型。及膝长度的上装与到小腿最粗部位的下装搭配，打底裤露出的部分虽少，但很有格调。如果打底裤占的比例过大，会给人过于随意和装嫩的印象，请大家一定加以注意。

打底裤属于紧身裤，不是正式外裤

随着袍式裙和连衣裙的流行，越来越多的人喜欢上了打底裤。它比普通裤子轻便，又比紧身裤更正式，属于一款穿着场合适中的单品。但如果是熟龄女性来穿，最好将它与紧身裤归为一类。偶尔会看到短上装搭配打底裤的造型，有些造型岂止是粗壮的大腿，往往连臃肿的臀部线条都一览无遗，让不经意注意到的人都不好意思。切记：打底裤不是普通裤子，熟龄女性穿着时，上装的长度要控制在膝盖稍高的位置，遮住大腿最粗的部分，这样整体腿形会显得纤细。此外，想要显瘦，黑色是不二选择。透肉的灰色或者有大块蕾丝花边的款式反而会暴露腿部线条，难以达到显瘦目的。关于长度我推荐的是到小腿肚的长度，那样最能带来轻快印象（大概是六分裤的长度）。

优选条件：

① 搭配的上装要能遮住大腿最粗的部分。

② 选择黑色，非编织无花纹的基本款。

③ 最能带来轻快印象的是到小腿肚的长度。

衬衫、罩衣、开衫
如何搭配裤装或牛仔裤？

挑选出有显瘦效果的基本款后，
如何进一步掌握清爽苗条的搭配技巧？

本节会告诉你答案。
你还将看到，
即便是相同的显瘦单品，
通过不同的造型搭配，
也会呈现出完全不同的效果。

Lesson 2.

基本款的显瘦攻略

Item01

衬衫 (Shirt blouse)

几乎人手一件, 基础中的基础——衬衫。
领部的干练印象, 令上半身显得更苗条。

Good

适度的宽松和干练打造出舒适休闲的美丽造型

衬衫能令上半身显得利落有型，是很好的显瘦单品。穿衣技巧是领口开至第二到第三颗扣子之间，在胸前打造V形线条。棉麻材质的衬衫，不会贴合身形，对掩饰体形来说效果很棒。但是，无论衬衫多么漂亮，如果是能显出内衣线条的紧身款，则无法起到调整身形的作用。因此一定要选择适合自己的尺寸。衬衣的下摆既可以是交叉款，也可以是两侧略高的圆弧款，两者都有不错的弱化丰腴腹部线条的效果。

上装不束进下装，搭配腰带

下装是裤子的时候，将衬衫束在裤子里的人不多见，但如果是裙装，常能看到有人将衬衫束进裙子里。束进裙子里的衬衫会令腹部更加突出，所以应该放在裙子外面，系上腰带作为点缀。选择略宽的深色腰带有很好的收缩效果，能起到掩饰腰部线条的作用。

将衬衫束进裙子里，衣角的褶皱会令腹部线条不平整。而且，衬衫放在里面，感觉是过时了的穿法。

Good

纽扣多解开一颗，打造深V区域

穿上打底内衣，将衬衫的纽扣多解开一颗，脸部到脖颈的面积增大，能达到小脸效果。此外，松开衣领，能留出胸前做点缀的区域，通过饰物点缀达到显瘦效果。木质和天然石的休闲风格项链，能有效地将视线从下半身引向上半身。

NG

不打开领口，上半身的面积显得过大。也没有戴项链的区域，无法将亮点上移。

Item02

开衫① (Cardigan)

从保暖开衫到装饰开衫, 掌握好系扣子的诀窍, 它就是一款非常可贵的显瘦单品。

挑选开衫时重要的是轮廓的紧凑感。以腰部为中心，整体比较紧凑有型，肩部合适不宽松、不过长的精干款式，最容易打造出漂亮苗条的印象。此外，像照片中左侧的开衫一样，袖口和衣摆有松紧口的校园风开衫，多数长度都不尽如人意，容易显得宽大拖沓。穿着的技巧是根据打底衫的款式以及材质的不同而采用不同的系扣方法。前襟加入褶皱的话，增加了变化节奏，从胸部到腰部打造出显瘦的效果。

系上中间两颗扣子，在上半身打造深V形

系上腰部最细处的扣子，胸前形成一个深V字，腰部周围形成一个小的倒V字，能有效掩饰上半身不太让人满意的身形。为了尽量打造出紧凑感，内搭应该选择薄款单品。下装搭配宽松下摆的半裙，形成凹凸有致的X形线条。

只系上开衫最上面的扣子，结果形成一个大大的倒V字，整体的视线全部被引向下方，看上去是一个低矮的直筒身材。

两件套开衫分开穿，打造出新颖的造型

上图中，竖条纹衬衫搭配针织两件套的开衫，不用系上开衫的扣子，打造出轻松随意的造型。如果换成两件套的同色套头衫作为内搭，V形的显瘦效果就会有局限，所以要搭配有强烈色彩对比的衬衫。此外，棉麻材质的衬衫，不会过分强调身材，可以呈现出清爽利落的线条。

直接穿上两件套，没有V形显瘦效果，亮点和变化节奏全无。此外，由于针织衫特有的柔软质感，两件叠穿容易显胖。

Item03

开衫② (Cardigan)

近来特别流行的长开衫，既能掩饰不完美的身形，又能强调纵长线条，可称为最强单品。让我们一起来掌握更加显瘦的搭配法。

要把开衫穿出显瘦感最重要的是把握好长度。像左页照片中那样到臀部的长度，无法遮住大腿最粗的部位，完全不能打造出苗条的线条。至少要选择从大腿中段到膝盖左右的长度。还有，想要苗条的话，最好选择有配套丝带或者腰带的款式。将腰带朝后系上，勾勒出腰部线条，打造出整体造型的变化节奏。长开衫的款式既有轻松随意的，又有略显正式的，但无论哪种，如果想要显瘦，都必须搭配精干紧凑的下装。

Good

NG

内搭的长度，一定要到立裆之下

过于依赖长开衫的遮掩功效，而忽视内搭的挑选，很容易令开衫的显瘦效果减半。内搭的长度，如果是针织衫，至少要到立裆往下的位置；如果是棉麻质地，也要到小腹下侧。苗条显瘦的瘦身款长开衫，前襟的开口面积较大，需要特别注意内搭的选择和搭配。

搭配紧身T恤的穿法并不适应熟龄女性，绝对NG。因为在意的部位会暴露无遗，而且破坏了造型的整体纵长感。

要想发挥高挑的优势，需要搭配紧凑下装

颈部和前襟带有许多褶皱的宽大型长开衫，搭配紧凑型下装，能最大限度打造出富于变化的时尚造型。推荐有紧身效果的窄脚裤或者其他贴合腿形不肥大的瘦腿裤。宽大上装搭配紧凑下装，还有提升视线的效果。

NG

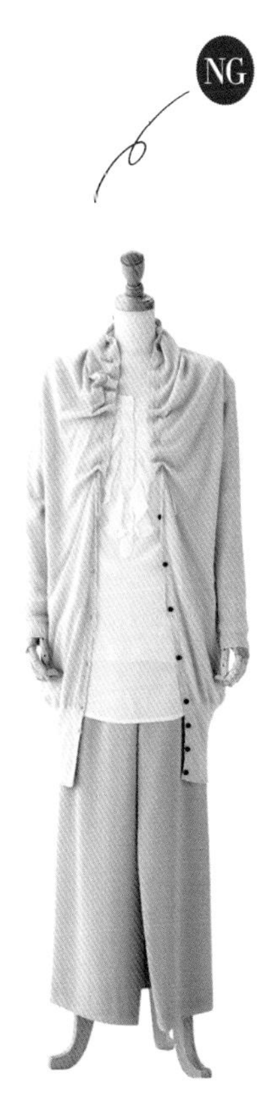

宽大型长开衫搭配阔脚裤，全身都是宽松轮廓。开衫特有的设计感因为一条裤子而大打折扣。

Item04

牛仔裤（Denim）

牛仔裤既好搭配，又能显瘦。这里为大家介绍一些全新的牛仔裤搭配方法，让你看起来既时尚又苗条。

Good

搭配低腰男友牛仔裤，臀部曲线小巧迷人

如今不只是牛仔裤，几乎所有裤子都流行低腰款。有人担心俯身弯腰的时候会露腰而故意选择高腰款，结果臀部由于被同色布料整个包起来，反而显得更加宽大。因此推荐如右侧图片中所示的，大腿和臀部比较宽松，而裤脚略微收紧的男友牛仔裤，无论是卷起裤脚还是放在靴子里，轮廓都很合适，称得上是百搭单品。牛仔裤能令人显得苗条，而且有出色的时尚造型效果，希望大家掌握更多的搭配技巧，发挥出它更多的优势。

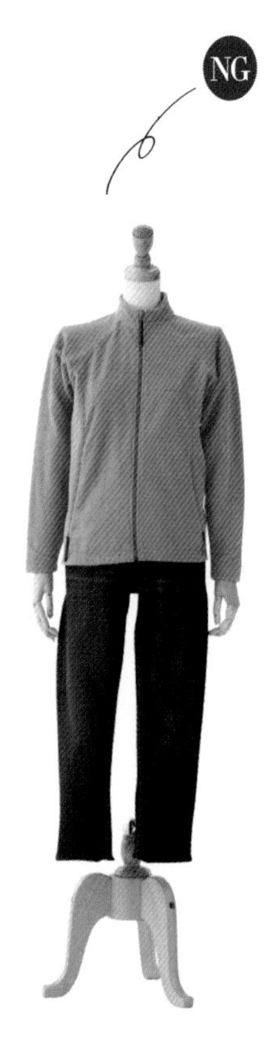

发挥牛仔裤显腿长的优势, 掌握更高级的搭配技巧

牛仔裤如果是合身的深蓝色直筒款型, 会有不错的瘦腿效果。上图是运动风格的牛仔裤搭配时髦的机车风格外套。越是搭配高难度的单品, 才越是能体现出牛仔裤的特色。外出时, 请一定尝试下这样的搭配。

如果总认为“牛仔裤=运动风格”, 一穿牛仔裤就搭配运动衣或T恤衫再加上旅游鞋, 这样的造型毫无时尚感可言, 也会令牛仔裤原本的显瘦效果大打折扣。

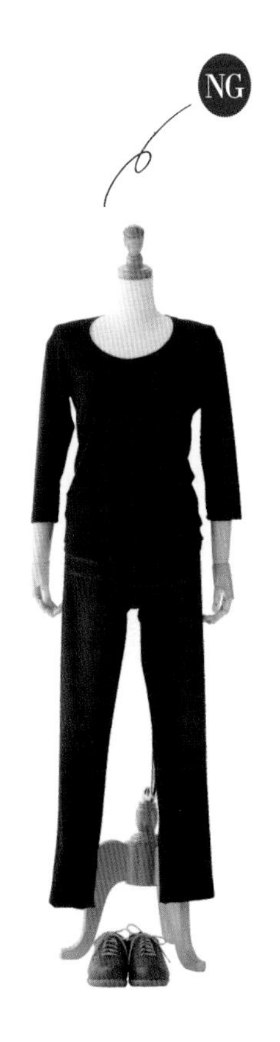

将牛仔裤放入长靴中，打造出修长苗条的流行造型

将裤脚放入长靴中，腿部线条显得利落修长，又很时尚。上图中的灰色小山羊皮长靴搭配牛仔裤的造型便是典型例子，再加上与靴子同色系的毛领，形成有整体感的搭配。

忘掉牛仔裤与运动鞋或系带鞋的传统搭配，秋冬季节最好搭配短靴或长靴。调整下半身的搭配方案，上半身的造型自然会随之改变。

Item05

灰裤子（Gray pants）

作为必备百搭单品，最好不同深浅的灰裤子各有一条。
在搭配中需避免过于单调，选择华美风格的上装可获得加分。

NG

腰线过高，臀部和大腿又被单一色覆盖，容易显胖

利落的整体线条加上深灰的色调，打造出极致干练的气质

如果希望能有收缩效果，推荐选择深炭灰色。颜色越深，越要注意长度的把握。和长裤相比，九分裤或七分裤更佳，裤型最好是干练的锥形裤。此外，如果比较在意腹部线条，可选择略低腰的款式，这样能起到很好的掩饰效果。如果是前烫迹线明显的款式，则既可起到强调中央线条的作用，又能令腿部显得苗条修长。此外，最好选择同色系鞋子来和裤子搭配，不会破坏整体的纵长线条。

过于朴素的样式不容易出彩，避开制服款式，选择华美上装来提升视线

穿灰色长裤时，选择华美上装搭配是关键。上图的花呢外套搭配醒目的长项链和大朵胸花，成功地将大家的视线吸引在胸前。华美感的上装搭配灰色长裤和黑色船鞋，在提升华丽印象的同时又不失稳重。

严禁基本款灰色长裤搭配同样单调的上装。尤其是还将上衣的扣子系紧，好像在穿制服。仅会勾勒I形线条还远远算不上时尚。

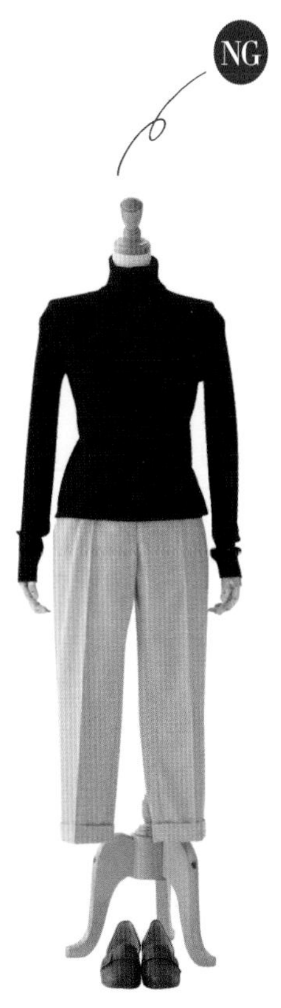

搭配七分裤时注意脚下和胸前的亮点

七分裤要想穿出时尚，关键在于裤脚和鞋子之间的过渡与搭配。丝袜会令七分裤的灵动感失色不少，因此需要别的方案。上图中是用黑色菱形裤袜来做点缀，为了与脚部相呼应，在胸前同时戴上醒目的项链。为了防止视线集中于脚下，在上半身加入适当点缀，这是本套造型的搭配要点。

灰裤子搭配肉色丝袜和普通皮鞋，让人觉得脚下既寒酸又懒散。同时令臀部到大腿的区域更加显眼，视线被引向下半身。

Item06

袍式连衣裙（Tunic one-piece）

仅靠一件袍式连衣裙，显瘦效果还远远不够，要想弱化体形上的不足，
还需从细节上下功夫。

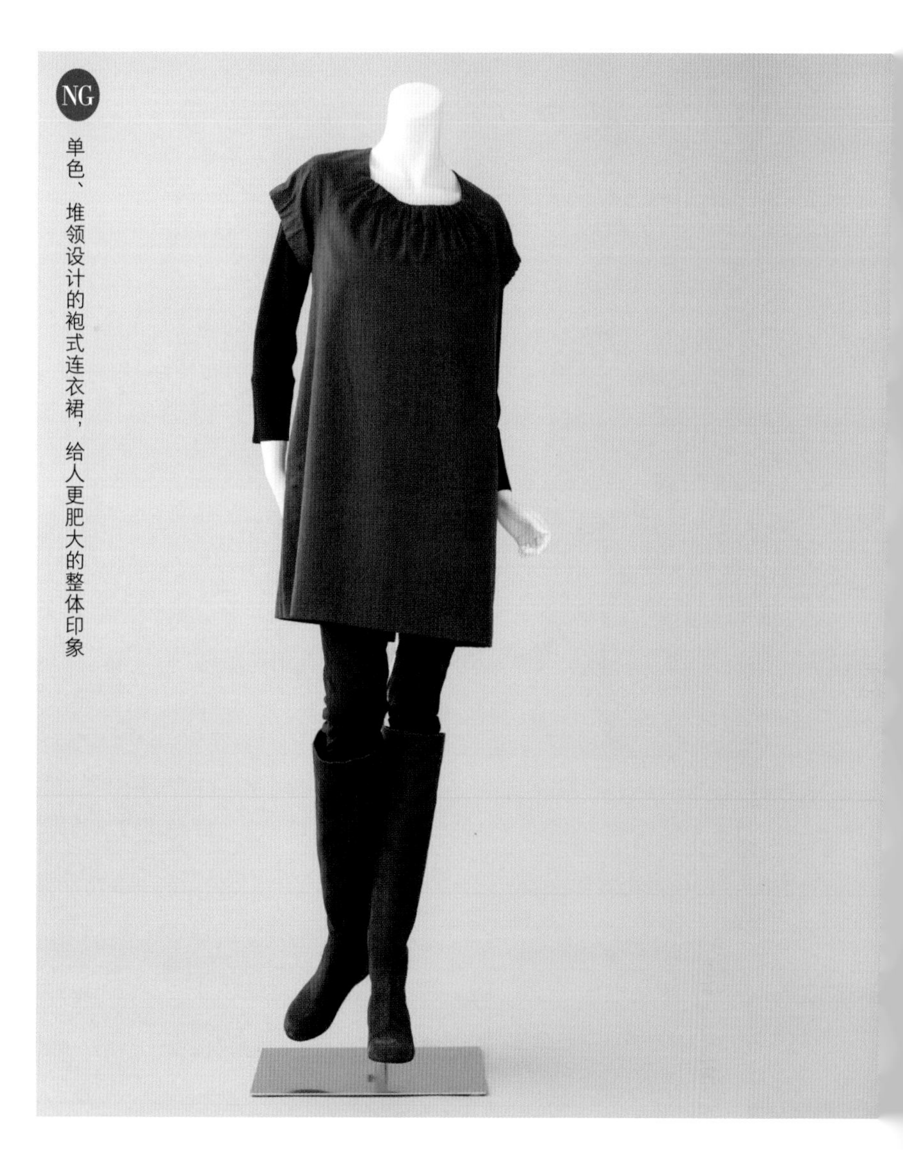

NG

单色、堆领设计的袍式连衣裙，给人更肥大的整体印象

深开口领形和竖条纹，看起来苗条又清爽

挑选袍式连衣裙，首先要注意领子的设计。最好选择领口较大，深开口，或者方领等有设计感的领形。袍式裙的宽松线条，通常容易显得身形宽大，小开口圆领会令肩部、胸部到腰部的面积看上去过大，最好避免。右侧照片中的深开口领形，给人清爽的印象。袍式裙最好搭配深色打底衫和下装。与上半身的宽松线条相对应，下半身应尽量选择紧身裤或者将裤脚放入靴子。

搭配深色打底衫和下装，整体以收缩色为主

上图中的高领打底衫和裤子的颜色均选择呼应袍式裙花色中最深的颜色，从整体上达到收缩效果。脖颈处、手臂、下装共三处使用收缩色，同时搭配编织贝雷帽、系带短靴等小饰物来进一步渲染整体效果。袍式裙容易让人觉得随意，如果作为外出服，最好通过周身饰物的搭配来强调正式感。

选择袍式裙花色中最浅的米色作为高领衫和裤子的颜色，整体感觉像家居服，给人松散、过于随意的印象。

打造修长的腿部线条，烘托出袍式裙的纵长感

将裤脚放入长靴中的穿法尤其适合袍式裙。这种穿法令上半身的I形线条被顺势延长至足部，身形的宽度得到有效弱化，整体形成苗条修长的一条直线。上图中将裤脚放入长靴的造型强化了修身效果。同时大大的圆形吊坠将视线吸引至上半身，进一步强调了修身效果。

同样的袍式裙，搭配阔腿裤。即便是深色裤子，宽宽的裤脚也很难展示出想要的苗条感。

Item07

风衣（Trench coat）

与线条硬朗的旧式棉质风衣相比，柔软感触的新材质更时尚。
搭配要点是强调X形线条，打造出有女人味的整体造型。

硬朗材质的风衣给人带来传统保守的印象，想要穿出时髦的女人味儿很难。偏硬的材质或者双排扣的款式比较难以随意造型，搭配的灵活性欠佳。因此推荐柔软质感、容易搭配的单色外套。过长的款式又缺乏轻快感，下装被遮盖，容易给人沉闷的印象。风衣选择及膝长度，与下装协调搭配，突出造型的整体感很重要。与收紧腰身的风衣相呼应，注意勾勒纤细修长的腿部线条，会令整体感觉更加苗条清爽。

风衣外套下露出的裙摆长度以5~6厘米为宜

风衣下露出的裙摆以5~6厘米为最佳长度。上图中是风衣搭配带硬质内衬的花朵图案半裙的造型。蓬蓬裙的线条和蓬松感得以很好保持，是因为风衣是柔软的化纤材质。X形线条和花朵图案搭配，打造出既成熟又可爱的造型。

与左侧相同的外套，但由于裙子露出的部分过长，给人以拖沓的印象，X形线条的灵动感也被减弱，是一种协调性欠佳的造型。

用宽腰带打造出凹凸有致的线条

上图是普通风衣外套搭配金属质感宽腰带的造型。仅将外套中间的纽扣系上，轻微A形线条的外套华丽变身成X形。图案大胆的围巾提升视线，强调出纵长感。腰带令衣摆上提，露出腿部纤细修长的线条。

没有腰带、下摆宽松的风衣线条，令整体造型重心下移。同时，由于风衣过长，裤子被遮挡，看上去很厚重。

经验主义让你显胖（2）

裙子的穿法

长裙能遮掩体形？丢掉这种过时的想法，赶紧换成及膝裙吧。

想用长裙来掩饰体形，反而令下半身的分量更醒目

>>>

很多人认为长裙是掩饰体形的不二单品，没想到穿长裙反而令下半身的分量看起来更重。类似这种腿部造型不够轻盈的搭配，会将重心变低，令体形看起来不美，更显老。

及膝裙令腿部线条变得轻快，视线也被提升

>>>

深色及膝半裙搭配黑色长靴，是显瘦的经典搭配。稍稍蓬松的褶皱裙型又能有效掩饰腹部的线条。灰色与深蓝色的搭配充满了年轻朝气。

及膝裙轻快的线条是年轻和女性的象征

长裙能遮盖女性在意的臀部、腰部和大腿，所以对体形没自信的女性往往爱用长裙遮起来。但穿长裙有个巨大的陷阱，那就是"遮盖一切"，会将"显瘦""显年轻"和"时尚感"也一同掩盖。拖沓的长裙令身体重心下降，反而带来低矮、沉重的印象。

丢掉用长裙来遮掩的想法吧，选择腰部有明线接缝设计的及膝裙，同时通过连裤袜或长靴的颜色及细节搭配来达到整体的协调统一，从而解决体形困扰。只需一点搭配技巧，及膝裙就能让你时尚迷人。

优选条件：

① 裙子的长度到膝盖最为适宜，也可上下略微调整。

② 靴子和连裤袜的颜色要与裙子协调一致。

③ 最好有防止腰胯部过度宽松的明线接缝。

裤长、裙长如何与上装的长度协调搭配?
打底衫或鞋子该如何选择?
服饰的颜色、材质该如何确定?

……

你是否也有这些搭配的困扰?
这一节,我们以显瘦为目标,
以上下装的协调搭配为准则,
来为大家展示上下装搭配的黄金比例。

Lesson 3.

上下装协调搭配的攻略

上下的协调 Denim

牛仔裤的黄金比例

只需卷起裤脚就能轻松调节长度的牛仔裤，是最容易协调搭配的下装。
让我们通过它来掌握基础的黄金比例。

| 上装 | 高于胯
短款

\+

| 下装 | 裤脚
卷一折
（露脚踝）

\+

| 足下 | 彩色长袜
高跟船鞋

》搭配短款开衫，裤脚卷一下，保持纵长感

上装短，则下装要长，方可保持整体的纵长感。如果下装也偏短的话，无法实现纵长感，整体印象会变矮。裤脚卷一下，露出脚踝，可形成比较完美的I形线条。脚下搭配船鞋，增添些许甜美随意的感觉。

对牛仔裤而言，上下装搭配的黄金法则是“成反比”。上装短，下装则长；上装越长，则下装越短。这样上下装分量才能协调一致。这种上下装的搭配理论，可适用于大部分的裤装。掌握好的话，能够防止上下装在搭配中所占比例不协调的问题。

》搭配胯线以下普通长度的上装，裤脚卷两折变得略短

上装变长之后，牛仔裤的长度要相应缩短。上装为普通长度，对应裤脚应卷两折。牛仔裤变短，可增强随意感，过长则显得厚重。白色上装与牛仔裤搭配，兽纹船鞋作为点缀，形成休闲风格的造型。

| 上装 |

大腿中间的长度

+

| 下装 |

裤脚卷三折
小腿略靠
近膝盖处

+

| 足下 |

短靴

》搭配到大腿处的长开衫，裤脚卷三折，变成七分裤长度

上装是长开衫的话，可将牛仔裤的裤脚卷三折，变成七分裤的长度。搭配宽大的上装时，可通过紧凑的下装来协调整体的分量。再配以休闲款的宽口短靴，从上到下形成完整的I形线条，强调出整体的修长感。

上装

+

下装

裤脚卷四折
膝盖略下

+

足下

花纹连裤袜
坡跟船鞋

》搭配长风衣款上装，裤脚卷四折，以强调紧凑感

搭配有分量的长款上装，要将裤长控制在五分裤左右。裤脚卷四折的牛仔裤，配菱形格连裤袜和坡跟船鞋，在脚部增加点缀，与上装的比例相互呼应，取得上下平衡。

上下的协调 Sarrouel pants

哈伦裤的黄金比例

从臀部到膝盖为宽松线条，裤脚又稍稍收紧的哈伦裤，需要搭配长度合适，款式相称的上装，才能打造出线条轻松的靓丽造型。

与长开衫相称，要搭配长裤

上装较长的时候，哈伦裤最好是长裤，打造出显瘦的I形线条。但是，与哈伦裤搭配的上装前襟必须是短款。如果搭配及胯上装，会增加横向宽度的视觉效果，容易显胖。

哈伦裤可以通过臀部的宽松线条起到弱化体形作用，它的搭配理论与牛仔裤的正好相反。上装长则下装长，打造统一的I形线条；上装短则裤脚也短，同时腰部周围适度蓬松。这样，通过调整裤装的分量，可以展示出不同风格的造型。

》长度到臀部的短毛衫搭配短靴，增加脚下分量

搭配长度到臀部的蝙蝠袖毛衫，上装充满轻盈感，下装则应通过短靴来增加紧凑感。白衬衫的衣领和袖口露出来，成为整体宽松线条中的亮丽点缀。

》搭配前襟短的毛衫，卷起裤脚，令脚下造型轻盈

上装既轻又短的情况下，裤脚卷起到小腿肚或更短，同时尽量展示出裤子臀部的宽松线条，以保持上下的平衡感。搭配与裤子同色的花纹连裤袜和金色的坡跟船鞋，可充分展示出小腿的修长感。

》搭配短款罩衫，裤脚放入长靴，强调蓬松线条

为了与超短蝙蝠衫上装相称，将裤脚放入长靴，令臀部周围的线条变得更加宽松，带来裙子一般的蓬松效果。丝光质感的轻盈上装将视线吸引在上半身，搭配出能有效掩饰体形的造型。

上下的协调 Skirt

裙子的黄金比例

搭配及膝裙的平衡点，要靠裤袜和鞋子的比重来调节。
上装的面积越大，裤袜和鞋子的比重也应该越大。

》短款披肩小外套，搭配华丽风格的船鞋

短小精干的上装与丝袜和华美船鞋相呼应，体现女性特有的苗条韵味。上装短到露出腰线的话，裙子的腰部最好有些特别设计，能起到弱化腹部臃肿曲线的效果。

穿着及膝裙，上装所占比例大，下装就要通过紧身裤、长靴等来增加分量。基本原则就是，上装厚重，下装也要厚重，才能取得造型的协调和平衡。此外，要选择偏低腰款的裙子，且腰间最好有蝴蝶结、拼接等花样设计，可有效弱化腹部臃肿线条。

》有分量的不规则长开衫，搭配有质感的长靴

类似前襟不规则设计的长开衫等比较有分量的上装，需要在脚下搭配同样有质感的长靴来取得整体的平衡效果。通过搭配，适当调节蝴蝶结的甜美度，同时使腿部和长开衫的纵长感达到协调统一，开衫前襟的不规则设计又能有效吸引视线。

修身长开衫与紧身打底裤协调搭配

修身简洁款长开衫，通过搭配轻巧的黑色紧身打底裤来平衡造型。黑色的收缩效果令整体造型苗条修长。裙子的蝴蝶结成为点缀，发挥出掩饰腰部线条的效果。

上下的协调 Long jacket

长外套的黄金比例

长外套的搭配平衡，不只靠下装，
还需要通过内搭与下装的协调，来实现显瘦效果。

| 上装 | 衬衫束进下装

+

| 下装 | 三层蛋糕裙

+

| 足下 | 连裤袜 高跟船鞋

》上装与下装用同色统一，有设计感的下装成为主角

内搭衬衫束进华美的三层蛋糕裙，增加上身的紧凑感，披上长外套，适当露出蛋糕裙的褶皱线条。从上到下深棕色的渐变色，在取得色彩搭配平衡的同时，修身效果显著。

长外套穿着中最重要的，是内搭上装和下装的呼应平衡。内搭上装较短的时候，适当增加下装的面积和脚下配饰的比例。如果内搭上装较长，则需选择紧凑型下装和华丽的鞋子。能否找到外套内的上下装平衡，是左右长外套搭配印象的关键。

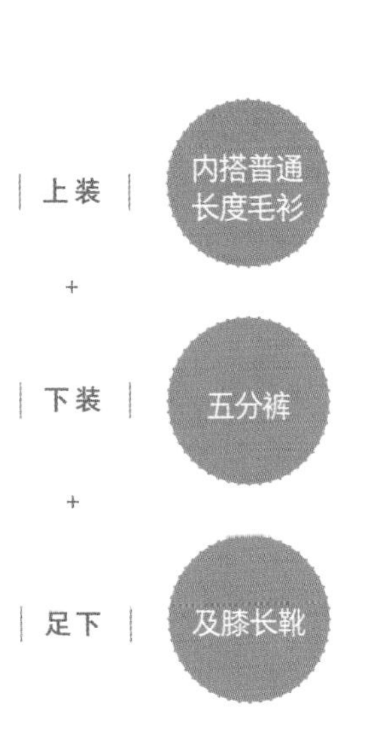

比例均等的上下装，通过长靴来增加足部的分量

比例均等的毛衫和短裤，搭配花纹醒目的围巾和及膝长靴，达到上下装的协调平衡。内搭的鲜艳色彩，通过深色长外套来适度收敛，通过色彩的对比打造层次感，以达到掩饰体形的目的。

》及胯毛衫+略短下装，脚下需要增加轻便感

腰带款套头衫，最适合搭配七分裤，形成上装略长，下装略短的黄金搭配。整体的色彩和线条低调内敛，很好地突出了长外套的存在感和配饰的点缀效果。

》有分量的上装
搭配紧凑感的下装和鞋子

与外套等长的袍式裙为华美的蕾丝质地，引人注目。下装搭配膝盖有褶皱的紧身裤，在收紧身形的同时，进一步将视线引向上半身。红色的船鞋和珍珠项链与袍式裙的质地相呼应，展示出浓浓的女人味。

显瘦百搭功能款(1)

马甲的实力

别致的马甲，拥有一件，就能发挥瘦身、减重的功效。

短款精干的小马甲打造层次感，增加修长感

>>>

轻透的长毛衫搭配小礼服风格的短款马甲（右侧照片），既能遮住隐约可见的内衣，又能提升视线，为毫无变化的上半身带来灵动的节奏，还十分显瘦。潇洒雅致的风格，是绝佳的外出服选择。

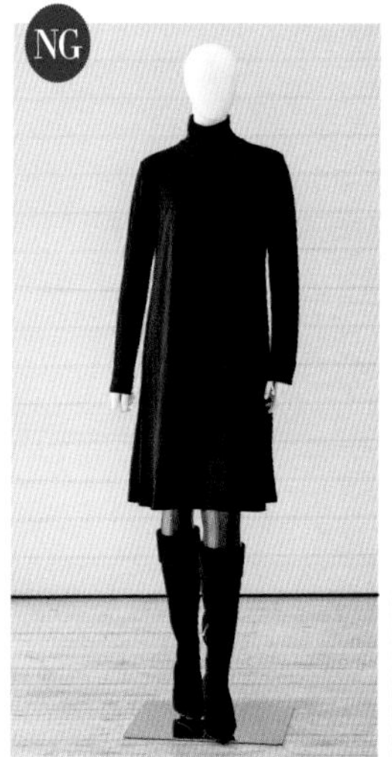

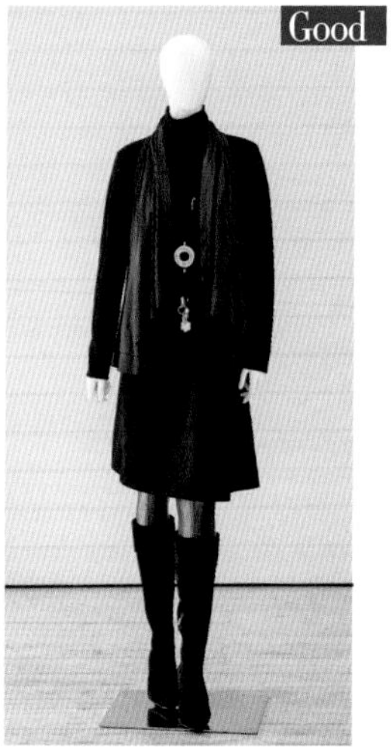

宽下摆长裙搭配有垂感的长款马甲

>>>

长裙在胸部较高位置有拼接，下摆较宽（右侧照片），搭配不规则设计人造革马甲，有效强调纵长线条。虽然胸前有很多褶皱，但沉稳的长裙和垂坠质地的马甲相配合，反而勾勒出修长的体形。

弱化上半身不足，增添额外情趣

马甲总给人一种可有可无、半长不短的印象，但它却能带来意想不到的显瘦效果，特别是搭配薄款毛衫的时候，加一件马甲，既能改善毛衫的轻透，又能掩饰丰腴的线条。

而且，用马甲搭配长款上装可形成长短不一的层次感，起到提升视线的作用。同时，还能有效减弱上半身的分量，显瘦、显腿长效果绝佳。此外，马甲还能给毫无变化的上半身带来灵动的节奏感，令整体造型有更丰富的层次感，是非常方便的一件搭配单品。只需披在身上，既能显瘦，又能增加造型搭配的时尚感，这就是马甲的绝妙所在。如果你的衣柜中还没有马甲，赶快添置一件吧，让你的搭配方案更加丰富多彩。

优选条件：

① 如果希望显腿长，则要选择短款紧凑的设计。

② 如果希望显身高，则要选择略长的修身款。

③ 如果希望显瘦，则要选择深收缩色。

各种时尚小饰物，

是完成显瘦造型不可或缺的武器。

此外，从膝盖往下到足尖，

如何展示这个区间，

是关系到整体搭配的重要一环。

这一节，我们将为您展示更高的

搭配技巧，

显瘦穿着会变得更加时尚。

Lesson

4.

配饰与鞋子的搭配攻略

重叠佩戴 Accessory

配饰的黄金比例

项链、胸针是提升视线的最强武器。掌握石田风格的搭配技巧，展示优雅苗条的时尚造型。

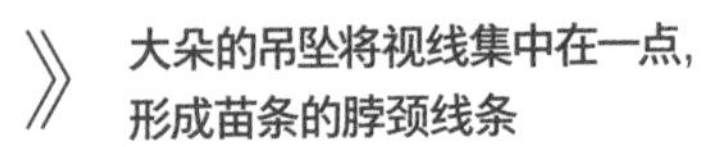

》大朵的吊坠将视线集中在一点，形成苗条的脖颈线条

想靠一条项链提升点缀效果，最好选择大朵的吊坠。大朵吊坠的重量感，可形成鲜明的V形锐角线条，令脖颈处显得更加纤细。同时搭配粗项链绳，效果更佳。

》如果是同色系项链，佩戴一组三条，效果醒目

黑色系长项链三条一组，一起佩戴。一条绕两圈，打造基础层次，再加上相同质地和不同质地的另外两条，形成醒目的大V字，带来出众的显瘦效果。此外，不同的光泽感令上半身的搭配层次更加丰富，脸色也被映衬得更美丽。

项链本身即是一种有效的点缀，但如果能在脸部周围再搭配一个亮点的话，视线将被有效集中在上半身，可增加整体造型的修长感。如果是长项链，最好与胸花或短项链组合佩戴。如此搭配不仅能掩饰丰腴的胸部，还能弱化脖颈周围的松弛或皱纹。

》长项链搭配胸花的双重配饰

单独佩戴一条长项链，会显得比较唐突而带来反效果。与胸花同时佩戴，将原本已被吸引至上半身的视线进一步提升至脖颈处。胸花要选择与项链一致的颜色，以增加统一感。

》长短不同项链的搭配，有收缩大面积的效果

经典的珍珠长项链搭配小吊坠项链。类似的长短组合特别容易搭配，任何上装都能靠两条长短不同的项链形成的层次感来实现显瘦目的。

全身分量的平衡 Stole

围巾的黄金比例

围巾不仅能遮掩颈部线条，更是能自由增加造型配色的配饰单品。
掌握不同尺寸、材质围巾的不同系法，可有效提升视线。

》抢眼的提花款围巾，紧凑地绕在颈部作为点缀

有织锦图案的提花围巾，通常色彩和花纹都比较艳丽。将其紧凑地围在颈部，像戴着首饰一样，起到提升视线的效果。上图是羊毛材质的提花围巾。土耳其蓝和紫色等艳丽的色彩搭配圆点图案，充满民族风格。

建议尺寸：宽50厘米×长176厘米

对折之后，将围巾的一端首先通过套圈，然后将剩下的一端，从反方向穿过套圈。不会松，也不会散开，还很温暖。这种个性十足的围法成为全身的点缀。

》甜美的蕾丝材质围巾，随意围在颈部，可映衬脸色

这条长方形围巾虽然很长，但材质为轻透柔软的蕾丝，轻轻围在颈部，并没有太大分量。丝绸般光泽感的莫代尔和羊毛混纺材质，手感润滑。

建议尺寸：宽80厘米×长192厘米

在稍微离开下巴的位置，随意绕一圈，两端不要一样长。

较能吸引视线的是大而薄的围巾，既容易围起来，又有适度的蓬松感和质感。如果围巾质地较厚，会很难打结，形状硬朗，线条不够优美，因此不太推荐。有花纹的话，最好挑底色为白色的款式，能像照相时的反光板一样，将脸部肤色映衬得更好看。

》人气上升中的围脖是提升衣服品位的最强配饰

围脖（snood）是一种从肩到脖颈形似筒状的围巾，通常是皮毛或毛线材质。如像照片中外套和围巾都是皮毛材质的话，选择低调雅致的颜色更显品位。如果材质为不过分蓬松的兔毛，选择深色搭配效果更好。

建议尺寸：宽32厘米×长45厘米

不要将围脖紧挨着下巴，略露出脖颈，感觉会更清爽。

》充满蓬松感的华美围巾

亮丽色彩作为小块点缀，给人华丽的感觉。围巾面积稍大，带来适度醒目的效果。非常好搭配的米白色大尺寸正方形围巾，由于质地软薄，即便尺寸较大也不会觉得臃肿，可以有各种造型方法。

建议尺寸：140厘米×140厘米

大尺寸正方形围巾，一般对折成三角形围在脖子上，即所谓的“阿富汗围法”。将三角形的部分放在胸前，两端从脖后交叉，再绕回胸前系在一起，这样比较好调节大小松紧。

小腿部的平衡 Skirt

裙装、连裤袜与鞋子的搭配

小腿部是裙子与鞋子之间的重要过渡。
裤袜的颜色、花纹等这些细节都不能忽视,需仔细挑选,以便打造出协调统一的显瘦造型。

想要显瘦,需要从头到脚全身的协调搭配以达到效果。比如,如果裙子搭配普通丝袜,即便服装本身显瘦效果很好,也会被丝袜打破整体的收缩感,不能将色彩的整体性顺延至脚下,而失去应有的修长感。选择与裙子、鞋子有色彩连贯性的连裤袜,可令腰部到足尖的线条显得修长协调。

右侧照片,是同一条裙子分别与肉色丝袜和彩色连裤袜的搭配对比。彩色连裤袜将裙子与鞋子协调统一,显得腿部更加修长,而且体现出超群的品位。当然,在比较正式的场合,肉色丝袜是更为稳妥的选择,但在私人时间内,最好将彩色连裤袜作为必备单品。

》肉色丝袜换成粉色鱼骨纹连裤袜

碎粉色、黑色、黄色混合的花呢半裙，搭配艳粉色鱼骨纹连裤袜。裙子中最醒目的粉色与连裤袜的颜色相呼应，品位提升。同时用黑色的船鞋作为点睛之笔。鱼骨纹路既能调节艳丽感，又给人以雅致华丽的印象。如果是肉色丝袜，则无法体现裙子的特色，感觉过于普通。

》肉色丝袜换成深紫色连裤袜

米白色的裙子貌似与肉色丝袜的协调性更好，实则二者均为扩张色，反而容易令下半身显胖。裙子偏白色时，不要搭配同色系的袜子，而是最好用类似深紫色的收缩色连裤袜来增加色彩变化，这样更显腿部修长。

》肉色丝袜换成蓝色连裤袜

裙子的几何图案中有蓝色和橘色，搭配相应的连裤袜和鞋子，形成色彩时尚的造型。下装的底色为棕色，如果选择棕色连裤袜，整体的造型容易过于呆板。因此连裤袜的颜色选择裙子上作为点缀的蓝色。蓝色和橘色形成的强烈对比效果，令人眼前一亮，鞋子和裙子的协调感也随之而生，形成一款别具一格的造型。

》肉色丝袜换成菱形格连裤袜

大菱形格连裤袜容易给人不好搭配的印象，但如果与裙子的色彩协调一致，则能避免鞋子过分醒目，还可掩饰不够完美的腿形。大花纹连裤袜的选择要点在于颜色要与裙子协调一致。但是，如果花纹的走向偏移，或者花纹不够连续，反而会显得腿粗，挑选时请一定注意。

》肉色丝袜换成黑色小斑纹连裤袜

Basic

Arrange

裙子、鞋子都是黑色的情况下，许多人习惯性搭配同样黑色的连裤袜，但全身深黑给人感觉过于正式。要想同时达到显瘦和时尚的效果，推荐选择黑底小斑纹连裤袜。这样既不会过于沉闷，又能弱化腿部线条的不足，而且搭配肉色丝袜时显得过于醒目的高跟鞋，也因与裙子融为一体而更显美丽。

小腿部的平衡 Pants

裤装、连裤袜与鞋子的搭配

在裤装的造型中，袜子虽小，却能左右整体造型的修长感。
让我们通过连裤袜和鞋子的搭配来让造型更加完美吧。

与裙装相比，裤装造型中，脚部露出的部分少很多。千万不要忽视这小部分，它将极大左右整体造型的修长感。与裙装的搭配技巧相似，搭配肉色丝袜会截断造型的纵向线条，打破裤子与鞋子原有的一体感。裤子多为黑色，因此连裤袜颜色也应尽量选择相似的黑色或灰色，但要避免选择纯色款，而应选择有小花纹或菱形格图案的袜子，它会比纯色款显得轻快，能成为整个造型的点缀。条纹款最好是侧边条纹，不过均等的竖条纹容易显腿粗，请注意避免。

》肉色丝袜换成侧边花纹灰色连裤袜

男性化的系带布洛克浅口鞋与肉色丝袜的组合是时尚中的大忌。肉色丝袜破坏了鞋子特有的硬朗感。两侧菱形格纹亚光灰色连裤袜，则无论与黑色还是灰色都能完美搭配。银色鞋子和灰色裤子既相互协调又相互映衬，侧边的格纹又强调出纵向线条。

》肉色丝袜换成粉色兽纹连裤袜

牛仔裤可与艳丽色彩的鞋子搭配，但抢眼的鞋子必须搭配同色的连裤袜。袜子中的黑色兽纹将粉色的明艳感调节得恰到好处，稳重而又不失华丽，非常适合成熟女性，在带来肉色丝袜绝对没有的休闲感的同时，将牛仔裤的搭配技巧提高了一个档次。

》肉色丝袜换成水玉花纹高筒袜

Basic

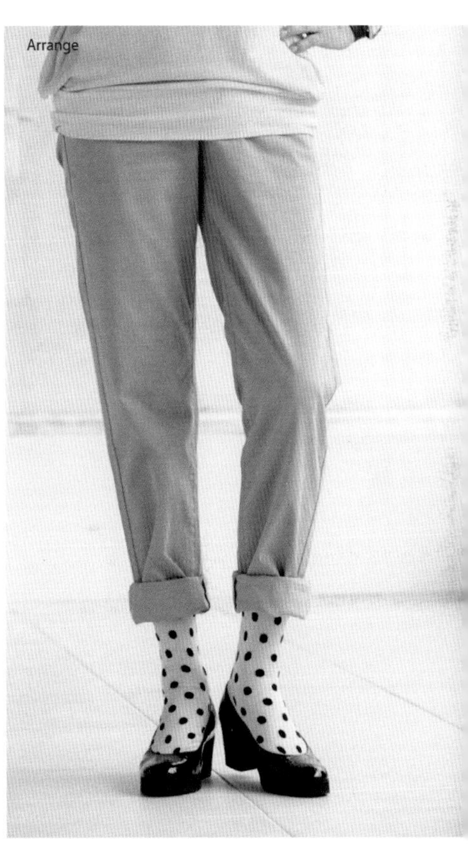
Arrange

造型时应考虑工装裤的休闲感和宽松感后再进行挑选搭配。稍微偏厚的提花高筒袜与工装裤的质感更加匹配，改善脚下过于裸露的印象。工装裤搭配有收缩效果的大水玉纹高筒袜和黑色金属质感船鞋，展示出更高级的时尚造型技巧，于是普通工装裤也可作为外出服来穿着。

》肉色丝袜换成灰色前透花纹高筒袜

藏蓝色细条纹长裤搭配灰色绒面高跟船鞋，中间通过灰色透明花纹高筒袜来过渡衔接。灰色脚面透明的高筒袜设计高雅，侧面的蕾丝花纹又起到很好的收缩效果，能令脚背显得纤细苗条。

》肉色丝袜换成黑色侧线连裤袜

Basic

Arrange

裤子和鞋子都是黑色的情况下，原则上要挑选黑色的连裤袜。虽然纯黑色款也可以，但会留下毫无亮点、单调的印象，因此推荐侧边有花纹的设计。不经意的一点装饰，既能点缀，又能强调纵向线条。被肉色丝袜破坏的整体造型得到改善，下半身的色彩自然过渡到足尖。

显瘦百搭功能款(2)

披肩的实力

一条披肩在身，会让你从肩到胸的线条变得更有女人味儿，所以说披肩是既抢眼又时尚的一款单品。

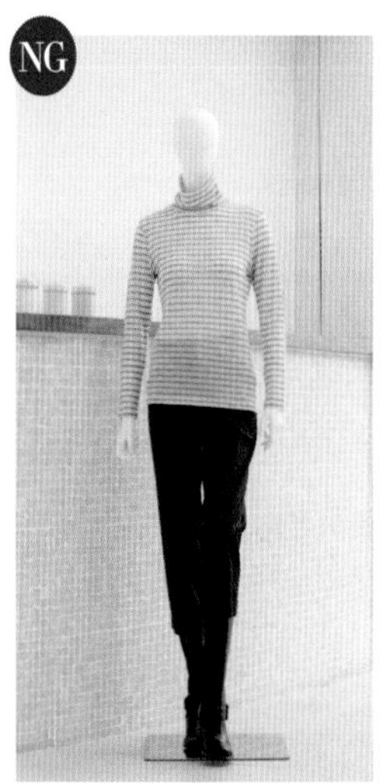

不经意地掩饰肩部的臃肿线条

>>>

一款小披肩，既能通过肩部圆润曲线强调出女人味儿，又能通过皮革材质体现出不经意的干练。搭配朴素的薄款毛衫（右侧照片），可以打造出遮盖上臂丰腴线条+更显腿部修长+适度的甜美气质的时尚造型。

基础款搭配褶皱披肩

>>>

基础款套头衫搭配设计感更强、褶皱丰富的披肩（右侧照片），既能掩饰从肩到胸的丰腴线条，又能给整体造型增加亮点，提升视线。

既时髦又能吸引视线，是熟龄女性必备单品

短款小披肩这几年又开始流行起来，而且变得更加短小精致，能更好地提升视线。与款式单调的套头毛衫搭配时，能将视线焦点有效提升，打造出亭亭玉立的身姿。

在掩饰后背及胸前丰腴线条和增加腿部修长感方面，披肩和马甲有相同的效果，但由于披肩能遮住上臂，因此在遮盖上臂线条方面更有优势。穿无袖上衣，对自己上臂没信心的话，靠一件披肩就能弥补。此外，有温柔感的披肩款式，更能传递出熟龄女性特有的女人味儿。选择毛线质地，给人更稳重柔和的印象；选择皮革或者针织衫质地，又会增添些许硬朗印象。总之，披肩是既有型又有女人味儿的一款百搭单品。

优选条件：

① 选择能吸引目光的紧凑精干型设计。

② 与薄款衣衫搭配，令肩部线条更美丽。

③ 可试着选择皮革或针织质地。

如何穿戴配饰，如何系扣子，
如何挑选服饰……

本节将为您介绍立刻就能实践的
搭配要点。
有些内容是之前介绍过的
思路或技巧，
但更多的是帮助您在出门之前，
快速扮靓自己的好方法。

Lesson 5.

19个显瘦技巧大总结

领周和胸前

打造V线条》

通过V形区域强调纵向线条

饰物佩戴方法的不同，会极大左右留给他人的印象。
通过打造V形线条，令全身更显苗条修长。

从胸前到腰部之间，如果有V形线条作为点缀，能有效缩减上半身的厚重感，令上半身显得更苗条干练。接近脸部的V字，有瘦脸效果，同时令颈部显得修长。所以，在佩戴饰物时应强化这一区域的有效点缀，将视线吸引在V形区域，重心提高，给人以苗条修长的印象。

打造V字区域，当然最简单的是穿V字领衣服，但除此之外还有很多演绎方法。比如，只需将衬衫第二、第三颗纽扣解开，就能打造出一个大V字；或者佩戴有点缀装饰效果的长围巾，松松围在颈上，在打造出V形线条的同时还有瘦脸效果。类似这样的方法很多，可随时应用在日常穿着中。只要掌握技巧，任何配饰都能成为展示你苗条身姿的好帮手。

显瘦技巧 1 围巾的佩戴方法①

Good

将围巾斜着折叠，可令花纹或布纹在两端形成V形线条

将围巾斜着折叠起来围在颈上时，花纹或布纹会在围巾下摆形成充满动感的V形线条。注意要尽量随意松散地折叠，围好后两端下摆不能一样长，且稍稍散开才比较有韵味。

NG

顺着花纹或布纹折叠，两端都是竖长平行线

顺着围巾的纹路认真折叠起来，且将两端长度摆放均等，胸前没有醒目的斜线或V形线条，这样的戴法既呆板又达不到显瘦目的。起码应该注意将围巾左右两端不对称摆放，打造出自然动感。

显瘦技巧2 围巾的佩戴方法②

Good

稍微露出脖颈，松松地围起来，有瘦脸效果

不要把围巾裹得太紧贴着下巴，稍微露出脖颈，松松地围起来，打造出V形线条，这样既有瘦脸效果，又能体现干练的气质。

NG

紧紧围在下巴处，反而显得脸大

完全看不到脖颈，脸部和身体的一贯性被打破，会显脸大。

显瘦技巧3 有分量的垂感配饰

Good

用大吊坠项链打造V形线条

与粗细均一的项链相比，更推荐大吊坠项链。有质感的吊坠能轻松打造出V形线条，同时还能吸引人们的目光。

显瘦技巧4 带领衬衫

Good

多解开几颗扣子，立起衣领，打造大V字线条

前开口的上装，最适合打造出V字线条。特别是衬衫，稍稍立起衣领，松开两颗扣子，就可轻松形成深V线条，展示精干气质（左图）。如果将扣子全部系上（右图），会令上半身看上去更宽。

领周和胸前

使用小配饰》

通过小配饰提升视线

平日随意佩戴的小饰物, 也有意想不到的显瘦效果哦。
学会挑选和佩戴, 轻松展示苗条身姿!

在说到显瘦效果时, 我反复强调过要“提升视线”“提高重心”。也就是要在上半身尤其是脸部附近打造亮点, 吸引目光, 从而达到体现纵长感、增加显瘦效果的目的。胸针、项链等小配饰, 看上去与显瘦毫无关系, 实则有大作用, 它们不仅能抓住别人的目光, 更能令面部显得有精神。

佩戴窍门就是让饰物尽量接近脸部, 比如, 将以往戴在胸前的胸针换到脖颈附近, 或给均一粗细的长项链增加一个缎带蝴蝶结作为点缀。诸如此类, 只需稍稍改变佩戴技巧, 脸部周围的印象、气质就会随之改变。只要你牢记“提升视线”这个准则, 就能掌握最大限度发挥配饰优势的造型方法, 选购新货也会变得毫不犹豫。

显瘦技巧5 胸针

Good

尽量靠近脸部佩戴，
提升视线

根据衣服款式的不同，将胸针尽量佩戴在锁骨稍高的位置，可收到瘦脸和提升视线的效果。大小不一的两朵胸针重叠在一起，更能增加点缀效果。

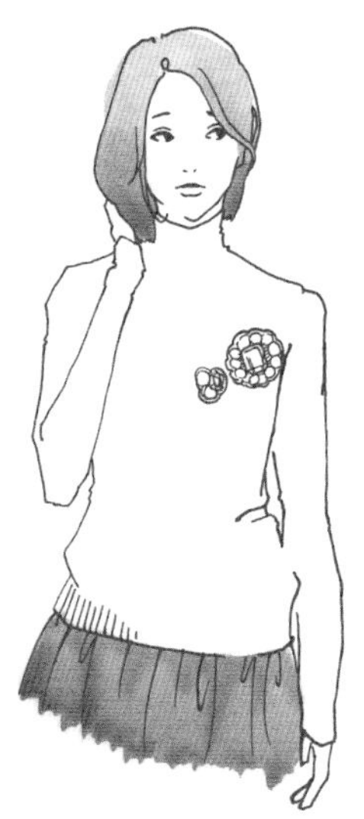

戴在胸前，视线下移，
感觉滑稽

按照从前的习惯将胸针戴在胸前，而且大小不一的两朵还分开佩戴，令整体印象拖沓，重心下移。

显瘦技巧6 长项链

Good

添一个蝴蝶结，令视线更集中

前文曾介绍过长项链和胸针并用的技巧，为长项链添加一个有点缀作用的蝴蝶结也有类似效果，它将亮点集中在脸部周围，除提升视线和显瘦效果显著之外，还能令整体造型紧凑有型。

只有长项链，视线会被发散

细长的项链能从整体上成为上半身的点缀，但由于范围过大，醒目效果欠佳，不能令视线有效集中于一点，整体造型也因此而缺乏亮点，给人留下不够完美的印象。

显瘦技巧7 手袋

Good

短背带提升视线

带子较短的手袋，挂在肩上后能有效提升视线。因此挑选手袋时，肩带的长短也是重要的考量要素。

NG

长背带会令重心下降至腰部

长背带的手袋随处可见。而较长的背带会令手袋下降至腰部或更低的位置。随着点缀物的降低，关注点也会降低。

全身

穿衣法》

强调体形中最瘦的部位

通过强调手腕、脚踝等身体中最纤细的部位,
在视觉同化作用下, 整体也会显得苗条。

找到自己身体中较纤细的部位, 着力强调这些部位即可。比如, 选择七分袖或者挽起袖口露出手臂, 并增加相应点缀; 穿七分裤或其他短款裤子, 露出脚踝增加纤细印象。这种对自己身体中较纤细部位的展示与强调, 可将该部位的纤细感渗透至整体造型中, 从而带来整体的苗条印象。不用与他人相比, 每个人的身体都会有最瘦的地方。

想要显瘦, 腰部也不能束得太紧。如果束得太紧, 反而会令臀部和腰部过于醒目。只要能掩饰腹部赘肉, 即可为整体造型带来变化。

以上每一点都是靠简单小窍门就能达到的视觉效果, 只需将这些小窍门引入日常服饰搭配, 就一定能令显瘦效果倍增。

显瘦技巧8 像自然翻折的袖口一样卷起袖子

Good

反折袖口，强调出纤细的手腕

衬衫无论是单穿还是叠穿，记住都将袖口挽起。纤细的手腕被显露出来，加上袖口利落的印象，展示出不一般的苗条。

普通袖口，带来普通印象

不露出手腕的话，岂止是不能显瘦，更会由于没有亮点而显得呆板过时。手腕被遮起来，再简单的小窍门也没用。

显瘦技巧9 强调手腕、脚踝的纤细线条

露出纤细手腕的七分袖，露出修长脚踝的七分裤，不只局限于个别部位的显瘦，细长印象还被扩大到全身（左图）。针织衫的话，袖子长到手背的能给人苗条的印象（右图）。

显瘦技巧10 束腰连衣裙最好强调腰线

将配套腰带向后打个结，成为恰到好处的点缀

将腰带向后松松地打个结，展示出腰部曲线的同时，能带来适度的苗条感。但如果系得过紧，反而会令臀部和腰部过于醒目，松紧程度非常重要。

腰部没有点缀，必然显胖

稍不注意就会被认为是孕妇的造型。没有曲线、在胸部较高位置有拼接的款式，会令腰部显得臃肿，需要注意避免。

最后一步

挑选》

即便相同款式，也需精心挑选

即将完成的显瘦造型，如果小配饰搭配错误，将会功亏一篑。
这里会告诉您搭配挑选的诀窍，帮您进一步提升显瘦效果。

能左右整体造型印象的不只有衣服，从脚下的连裤袜、鞋子，到头顶的帽子、手上的戒指，所有这些小物件都对整体造型有很大的影响力。其中最具决定性作用的便是连裤袜或打底裤。下装和鞋子能否自然过渡衔接，会影响到整体印象是否苗条修长。

选择连裤袜最简单的办法是和下装、鞋子选择相同色系的搭配。但如果是单色无花纹款的话，会略显单调无趣，而且有显腿粗的危险。应考虑到搭配的视觉效果，挑选花纹或织法，能达到进一步显瘦的效果。此外，原本会带来紧凑线条的长靴，如果挑选错误，则会减弱纵长线条，起到反效果。只有从头到脚将I形线条的概念贯彻到底，才能最终完成苗条造型。

显瘦技巧11 打底裤

Good

选择黑色或深炭灰色

与黑色系的手袋和围巾配套使用，不仅能令腿部更显修长，而且能令整体造型显瘦。光脚穿鞋的话，打底裤到小腿肚（七分）的长度最好。

蕾丝或较大花纹容易显腿粗

透薄质地或蕾丝、大花纹款式的打底裤容易增加腿部肉感，显胖。请记住，在别人眼里，透薄质地会比你想象中的更透。打底裤最好不要选择过分醒目的，而要选择能与鞋子自然融为一体的花色款式，这是显瘦的关键。

显瘦技巧12 连裤袜

Good

深收缩色的连裤袜，
打造修长美腿

纯色连裤袜，最好选择与裙子、鞋子协调的深收缩色，腿部利落的I形线条令整体造型更显苗条。

Good

推荐菱形格花纹款

由斜线构成的菱形格，可引起眼睛的错觉，起到很好的掩饰作用。但格子过大反而会留给人腿粗的印象。此外，花纹由三种颜色构成时，至少应有一种颜色是深收缩色。

Good

要强调纵向线条，请选纯色鱼骨纹

斜线交叉的鱼骨纹，能令腿部线条显得纤细，同时纯色花纹很好搭配。

不均等的大花纹反而会暴露腿部不足

涡纹图案或其他不连续的几何图案，很难与下装以及鞋子协调统一，腿部会过分醒目。特别是类似米色的浅色系要尤为注意。

显瘦技巧13 丝袜

Good

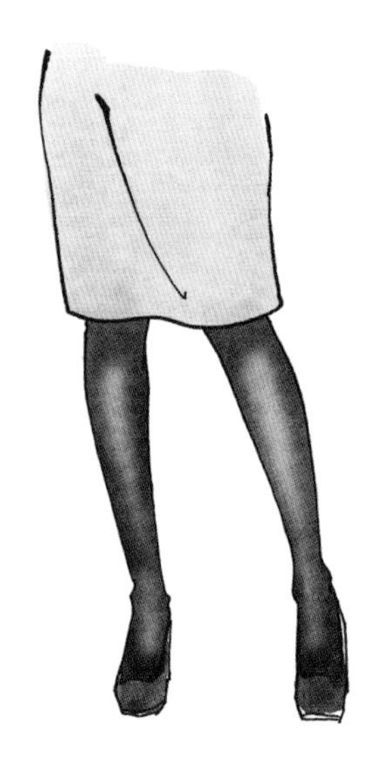

丝袜推荐灰色或深蓝色

虽然同为深收缩色，但黑色的丝袜过于普通，而深灰色和深蓝色的丝袜，则能与多数下装协调搭配，同时不失时尚感。适度轻薄的质地，能形成阴影效果，令腿部更显修长美丽。

肉色丝袜无论色彩还是质地都会带来相反效果

肉色丝袜会令任何造型都变得黯然失色，其质地和颜色也不尽如人意，只会显得腿部更粗。除非某些必需的正式场合，一般来说，即便是相同质地，也最好选择彩色或裸色款，深肉色尤其显老，尤其需避开。

显瘦技巧14 长筒靴

将裤脚放入长靴内的造型能打造出利落的腿形，同时可有效展示全身的I形线条。过膝筒靴，能与紧身裤完美衔接，令腿部更显纤细修长。

Good 推荐筒形粗细较均等的马靴

推荐脚踝和小腿处筒形基本一致的马靴。这种形状和分量更容易与大腿相协调，而且能勾勒出笔直的纵向线条，更容易打造出I形线条。

Good 水台筒靴悄悄增高

初看好像很普通的坡跟筒靴，实际前脚掌的水台有悄悄增高的效果。即便鞋跟较高，也不会觉得太抢眼，保持了到脚尖的整体感。

瘦腿靴反而令小腿更明显

瘦腿靴的脚踝处裹得较紧，反而更加凸显小腿的粗壮。很多从上到下一条拉链的靴子都是这种款式。

显瘦技巧15 短靴

Good

坡跟鞋打造熟龄女性的休闲风

不将裤脚放入短靴，是熟龄女性的标准搭配方法。紧身裤的裤脚刚好搭在短靴边缘，并且色彩协调一致的话，更显修长腿形。

平底雪地靴完全不适合熟龄女性

平底雪地靴虽然穿着舒适，但对于成熟女性来说，过于休闲，一般不适合作为外出造型。无论是搭配紧身裤，还是紧身裤袜，如果不是对自己的腿形有超凡的自信，最好还是避开为妙。

显瘦技巧16 帽子

Good

遵循一个亮点原则，最好选择类似贝雷帽那种略不对称的造型

选择一侧带有花饰点缀，或者不对称帽型的款式，既容易与整体造型搭配，又可随时作为日常配饰。另外，与小巧款式相比，稍微宽松的帽形更具小脸效果。

NG

没有亮点的简洁款会凸显脸形

简洁款贝雷帽或紧凑小巧的帽型款式，容易凸显脸形的不足。请选择稍微宽大些，或带有点缀的款式。

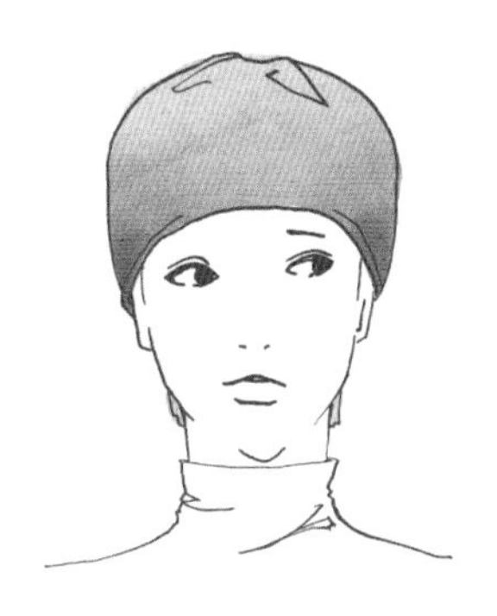

显瘦技巧17 戒指

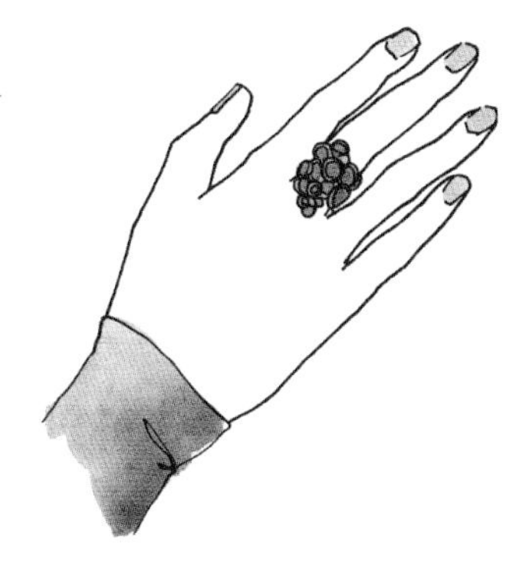

Good

大朵醒目的戒指令手指更显纤细

稍大的装饰性戒指，由于对比效果，会显得手指更纤细。颜色最好是易与服饰搭配的雅致单色。

NG

细细的戒指会显手指粗

纤细的指环紧紧套在手指上会凸显肉感。最好佩戴有设计的款式或者尺寸稍大有存在感的戒指。

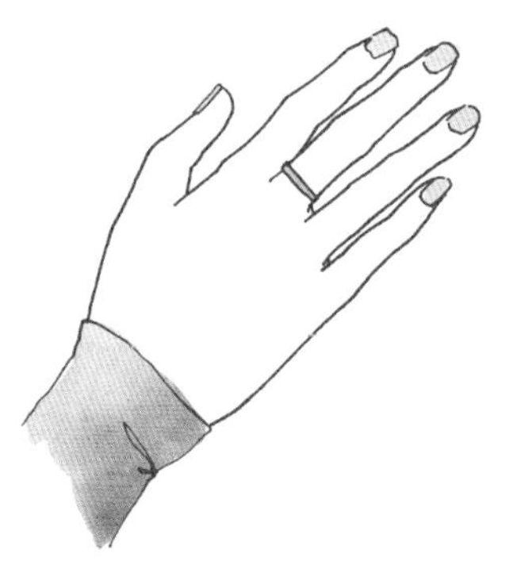

显瘦技巧18 手袋

Good

有光泽感的黑色或青铜色手袋，
避免与外套同色

黑色外套搭配黑色手袋，完全失去了手袋的点缀作用。所以即便同样是黑色，最好选择有光泽感的质地，这样能成为上半身的点缀并提升视线。此外，青铜色的手袋也与黑色一样，既好搭配又有光泽感，特别推荐。

NG

没有光泽感、材质普通的黑色手袋无法提升视线

黑色外套搭配黑色亚光皮革手袋，完全看不到手袋的装饰作用。整体造型缺乏亮点，不能提升视线。

显瘦技巧19 身姿

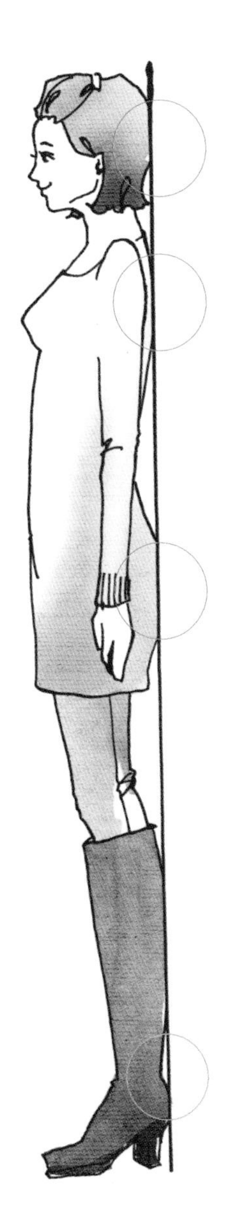

挺直腰背是打造优雅身姿的最便捷办法。背靠墙壁站立，将后头部、两肩、臀、脚后跟贴住墙壁，保持正确优美的站姿。将这个正确站姿铭记在脑海中，时刻注意调整自己的身姿。

Good 时刻注意留出腰部的间隙，打造纤细线条

稍稍空开手臂和腰间的间隙，令整体身姿显得凹凸有致。站立的时候、照相的时候，露出这个间隙，立刻显得身姿苗条。

NG 手臂垂放的位置稍微不同，立刻显得身形臃肿

腰间和手臂之间没有空隙，无法打造出身体的曲线，手臂的宽度一起被叠加在身体上，身材立刻臃肿起来。手臂是否轻轻弯起，这一个小小的技巧，将决定您在他人眼中的印象是苗条精干还是臃肿呆板。

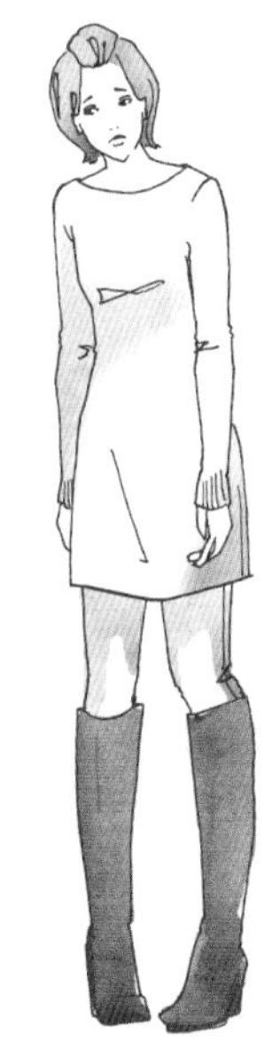

NG 内八字会带来驼背，令身姿难看

令个头显矮、体形难看的一个根源就是内八字。平常在站立时有意将脚稍作外八字摆放，自然会挺直腰背，看上去修长高挑。

基础

试穿》

试穿不同款式的确认要点

不合身的衣服绝对不会好看。掌握试穿衣服的要点，选择能令自己光彩照人的服饰。

近来，越来越多的衣服采用立体裁剪，因此，仅凭挂在衣架上的感觉完全无法发现是否合适。初见不起眼的，穿在身上也许出乎意料地适合你；看上去漂亮的，穿上身却发现不适合。试穿是发现自己的身形与衣服是否合适的重要步骤。试穿时不能仅看是否穿得进去，应该用更高的眼光去检查是否合体、是否更显气质。如果不能达到所有的试穿确认点，买回来最终也是压箱底。

比如，外套的肩部是否合适，系上纽扣能否舒适地抬起胳膊，正确穿着，慎重选择非常重要。衬衫或毛衫常常不试穿就买下，其实只有穿起来才能发现尺寸是否合体，有没有多余的褶皱，等等。在低腰短裆的下装流行的当下，尤其需要注意裙装、裤装的腰线、臀部是否合体，因为这些部位会影响到整体的造型效果。

外套

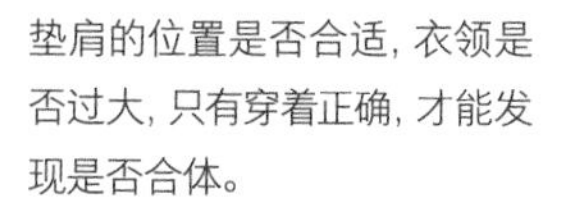

垫肩的位置是否合适，衣领是否过大，只有穿着正确，才能发现是否合体。

仅仅套在身上可不叫试穿。不认真穿好，是无法发现衣服是否真正合体的。

确认POINT

- ○ 垫肩无偏斜
- ○ 衣领不过大
- ○ 袖长遮住手腕
- ○ 系上扣子能抬起手臂
- ○ 背后没有褶皱
- ○ 请售货员确认你是否正确试穿

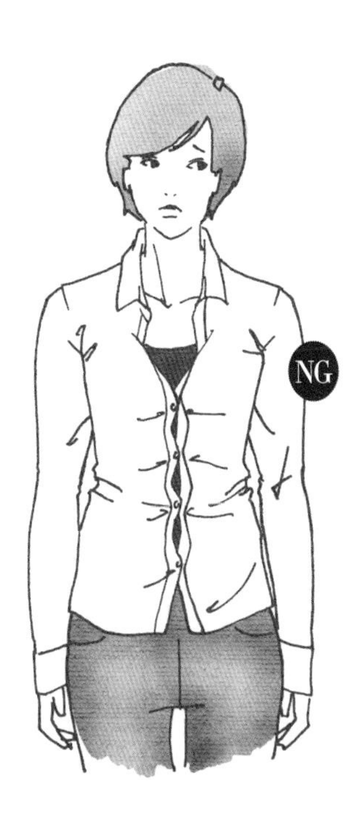

衬衫的腋下和腰部都是褶皱，前扣被撑开。显然小了一号，请换大一号的。

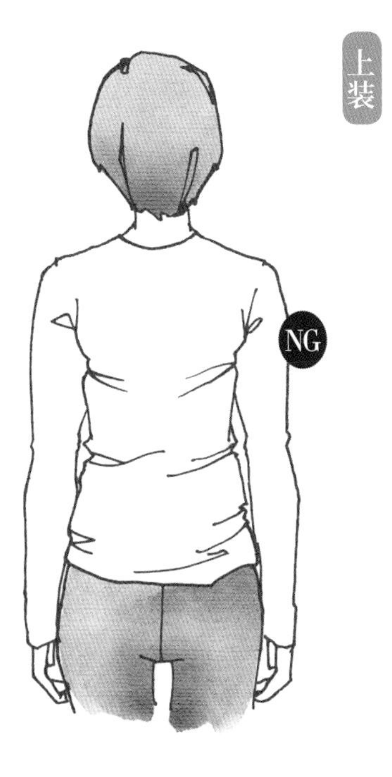

内衣线条和赘肉线条都一览无余。显然衣服太紧了。换个款式或者换大一号。

确认POINT

- ○ 衬衫的腋下和腰部没有多余的褶皱
- ○ 前扣都能扣好
- ○ 衣长到胯线，臀部能被盖住一半以上
- ○ 背后没有内衣和赘肉的影子
- ○ 衬衫、T恤和针织衫一定要试穿

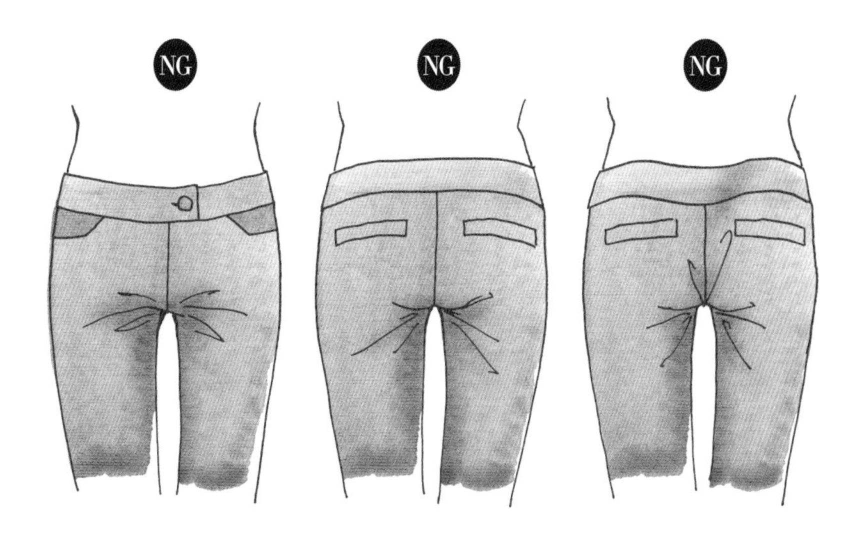

大腿根部需前后确认，如果这部分有褶皱，说明尺寸小，不合体。低腰款式如果臀围不合适，腰部也不会合适，同时还会出现多余褶皱。如果臀部后中央被勒进肉里，说明需要换大一码。

确认POINT

- ○ 臀围合适
- ○ 试穿时穿的鞋子与自己平时常用来搭配的鞋子同样高度
- ○ 大腿根部没有多余褶皱
- ○ 臀部后中央没有被勒进肉里
- ○ 侧兜和后兜没有被撑开口

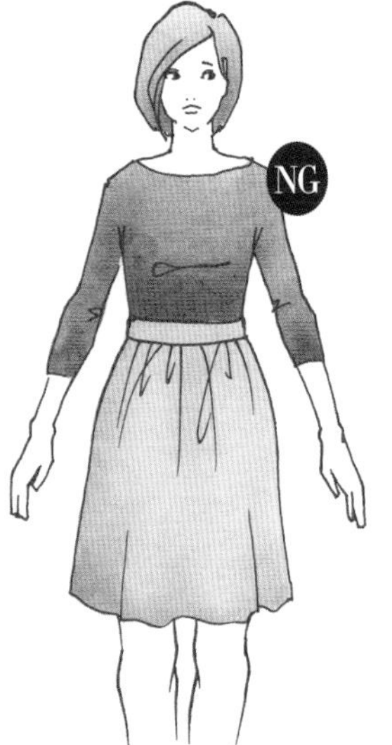

没有腰带的低腰半裙，将裙腰挂在胯骨上刚好不会掉的位置，此处最显腰部和臀部线条的美丽。

终于穿进去了！别只顾着高兴，请看看这还是低腰裙吗？小腹周围是不是显得更臃肿了？

侧边的接缝如果不再笔直，说明裙子瘦了。请选大一号侧线笔直的裙子。

确认POINT

○ 先确认好裙子的款式，是低腰还是中腰，按正确的位置试穿

○ 侧边的接缝笔直且不过松

○ 坐下试试，裙子大腿处不会上移

图书在版编目(CIP)数据

优雅与质感. 2, 熟龄女人的穿衣显瘦时尚法则 / (日) 石田纯子著 ; 宋佳静译. --2版. -- 桂林 : 漓江出版社, 2020.7

ISBN 978-7-5407-8748-6

Ⅰ. ①优… Ⅱ. ①石… ②宋… Ⅲ. ①女性-服饰美学 Ⅳ. ①TS973.4

中国版本图书馆CIP数据核字(2019)第226967号

优雅与质感. 2：熟龄女人的穿衣显瘦时尚法则
YOUYA YU ZHIGAN 2: SHULING NÜREN DE CHUANYI XIANSHOU SHISHANG FAZE

作　　者　[日]石田纯子　　译　　者　宋佳静
摄　　影　[日]神子俊昭　　绘　　者　[日]寺泽有理江
出 版 人　刘迪才
策划编辑　符红霞　　责任编辑　王成成
封面设计　桃　子　　内文设计　page11
责任校对　赵卫平　　责任监印　黄菲菲

出版发行　漓江出版社有限公司
社　　址　广西桂林市南环路22号　邮　编　541002
发行电话　010-65699511　0773-2583322
传　　真　010-85891290　0773-2582200
邮购热线　0773-2582200
电子信箱　ljcbs@163.com　微信公众号　lijiangpress

印　　制　北京中科印刷有限公司
开　　本　880 mm×1230 mm　1/32　印　张　5.75　字　数　80千字
版　　次　2020年7月第2版　印　次　2020年7月第1次印刷
书　　号　ISBN 978-7-5407-8748-6
定　　价　38.00元

好书推荐

《优雅与质感1——熟龄女人的穿衣圣经》

[日]石田纯子/著 宋佳静/译

时尚设计师30多年从业经验凝结，

不受年龄限制的穿衣法则，

从廓形、色彩、款式到搭配，穿出优雅与质感。

《优雅与质感2——熟龄女人的穿衣显瘦时尚法则》

[日]石田纯子/著 宋佳静/译

扬长避短的石田穿搭造型技巧，

突出自身的优点、协调整体搭配，

穿衣显瘦秘诀大公开，穿出年轻和自信。

《优雅与质感3——让熟龄女人的日常穿搭更时尚》

[日]石田纯子/著 千太阳/译

衣柜不用多大，衣服不用多买，

现学现搭，用基本款&常见款穿出别样风采，

日常装扮也能常变常新，品位一流。

《优雅与质感4——熟龄女人的风格着装》

[日]石田纯子/著 千太阳/译

43件经典单品+创意组合，

帮你建立自己的着装风格，

助你衣品进阶。

好书推荐

《选对色彩穿对衣（珍藏版）》

王静/著

“自然光色彩工具”发明人为中国女性

量身打造的色彩搭配系统。

赠便携式测色建议卡+搭配色相环。

《识对体形穿对衣（珍藏版）》

王静/著

“形象平衡理论”创始人为中国女性

量身定制的专业扮美公开课。

体形不是问题，会穿才是王道。

形象顾问人手一册的置装宝典。

《围所欲围（升级版）》

李昀/著

掌握最柔软的时尚利器，

用丝巾打造你的独特魅力；

形象管理大师化平凡无奇为优雅时尚的丝巾美学。

《手绘时尚巴黎范儿1——魅力女主们的基本款时尚穿搭》

[日]米泽阳子/著 袁淼/译

百分百时髦、有用的穿搭妙书，

让你省钱省力、由里到外

变身巴黎范儿美人。

《手绘时尚巴黎范儿2——魅力女主们的风格化穿搭灵感》

[日]米泽阳子/著 满新茹/译

继续讲述巴黎范儿的深层秘密，

在讲究与不讲究间，抓住迷人的平衡点，

踏上成就法式优雅的捷径。

《手绘时尚范黎范儿3——跟魅力女主们帅气优雅过一生》

[日]米泽阳子/著 满新茹/译

巴黎女人穿衣打扮背后的生活态度，

巴黎范儿扮靓的至高境界。

阅美
文化